北京林业大学实验林场
昆虫图谱

孙丰军◎编著

INSECTS
IN FORESTRY FARM
BEIJING FORESTRY UNIVERSITY

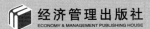

经济管理出版社
ECONOMY & MANAGEMENT PUBLISHING HOUSE

图书在版编目（CIP）数据

北京林业大学实验林场昆虫图谱/孙丰军编著．—北京：经济管理出版社，2019.4
ISBN 978 - 7 - 5096 - 6507 - 7

Ⅰ．①北…　Ⅱ．①北…　Ⅲ．①林场—昆虫—北京—图谱　Ⅳ．①Q968. 221 - 64

中国版本图书馆 CIP 数据核字（2019）第 063412 号

组稿编辑：曹　靖
责任编辑：张巧梅
责任印制：黄章平
责任校对：张晓燕

出版发行：经济管理出版社
　　　　　（北京市海淀区北蜂窝 8 号中雅大厦 A 座 11 层　100038）
网　　　址：www. E - mp. com. cn
电　　　话：（010）51915602
印　　　刷：三河市延风印装有限公司
经　　　销：新华书店
开　　　本：787mm×1092mm/16
印　　　张：18. 25
字　　　数：338 千字
版　　　次：2019 年 11 月第 1 版　　2019 年 11 月第 1 次印刷
书　　　号：ISBN 978 - 7 - 5096 - 6507 - 7
定　　　价：198. 00 元

序

  北京林业大学实验林场坐落于海淀区西北部，地处太行山和燕山山脉交会处。1952 年，由北京农业大学林学系、森林专修科和河北农业大学林学系合并成立北京林学院，办学地址选在北京西山的大觉寺、响塘、秀峰寺等区域，其周边荒山荒地划归林学院造林实习。1954 年，北京林学院迁至海淀区肖庄，原址作为教学实习林场。经过 65 年的建设发展，这里从原来的一片荒山，发展到森林植被覆盖率达 96.4%，已经成为北京林业大学重要的教学实习科研基地。1992 年在教学实验林场的基础上成立了鹫峰森林公园，2003 年晋升为国家级森林公园。公园自 1998 年始先后被北京市政府命名为北京青少年科普教育基地、被中国科协命名为全国科普教育基地，2009 年被国家旅游局评定为国家 AAA 级旅游景区。

  对于实验林场，我怀有深厚的感情。1991 年，我大学毕业后分配到实验林场工作。2017 年由于工作变动回到学校，在实验林场工作了 26 年时间，我把人生最美好的时间都留在了实验林场。因此，看到《北京林业大学实验林场昆虫图谱》书稿倍感亲切。实验林场辖区面积 765.20 公顷，辖区内有昆虫 14 目 122 科 539 种。据统计，实验林场每年接待学校学生实习 8000 人次，涉及林学、水保等 20 个专业，34 门课程；接待其他兄弟高校实习师生 3000 多人次（北京建筑大学、首都师范大学、警种指挥学院、北京工业大学、北京农学院、中国石油大学）。多年来，我校许多教师在实验林场从事科研工作，承担 100 多项各类科研课题，培养了大批林业人才。此书是在实验林场工作的同事们耗费多年时间而取得的调查研究成果，对推动实验林场建设发展有着重要的意义，也为前往实验林场开展教学、科研、科普活动的广大师生提供了不可多得的资料和指南。

  在阅读书稿中看到，此书内容翔实、结构严谨，其中有大量的第一手数据和照片。每种昆虫都有外形和局部特写，并配有主要识别特征、分布地点等方面的说明，可谓图文并茂。这归功于全体作者辛苦的实地调查和多年的资料积累，也凝结着全体作者多年的辛勤汗水。

  该书的出版，必将对学校的教学实习科研产生积极的作用。同时，该书也将为国内外同行进一步认识和了解实验林场、鹫峰森林公园打开一扇大门。希望随着实验林场的发展与变化，能够及时对有关资料进行调查补充及完善，以更好地为林业发展做出贡献。

王勇

2019 年 6 月

前　言

1952 年，国家高等教育调整，由北京农业大学林学系、森林专修科和河北农业大学林学系合并成立北京林学院，办学地址选在北京西山的大觉寺、响塘、秀峰寺等区域，其周边荒山荒地划归林学院造林实习。1954 年，北京林学院迁至海淀区肖庄，原址作为教学实习林场。1958 年 2 月，经林业部批复和北京市同意，在海淀区政府和门头沟区政府主持下，具体划定了林场边界。确定范围为：北界由响墙子沿着香道至庙儿凹—北尖—椴树港岭头，西界由椴树港—牛津坨—遛马亭—六郎塔，南界由六郎塔—钟鼓楼—塔院，东界由塔院—大觉寺往北沿山根—响墙子。关于划定林场范围内产权的问题，当时商定：一是原有耕种的土地仍归农业社队所有，荒山荒地归林学院林场造林。二是原有果树、柴树仍归社队所有，国有林由林场经营管理。林场自 1953 年结合学生造林实习开始进行荒山造林，截至 1965 年春营造各种试验林 3600 余亩。

1969 年秋，北京林学院搬迁云南，林场交给清华大学、北京大学管理。1978 年国家林业总局接管林场，1979 年北京林学院迁回北京，1980 年国家林业总局将林场归还给北京林学院。

1981 年，国家号召开展全民义务植树活动。林场开始了大规模荒山造林工作，学校每年组织教职工学生到林场开展造林活动，同时，国家林业部、北京航空航天大学、北京语言学院、北京舞蹈学院、中央音乐学院、北京戏曲学院，在林场各自划定了义务植树区，每年开展义务植树活动。截至 1992 年，林场管辖的荒山荒地造林全部完成。经 2009 年森林资源二类清查，林场森林植被覆盖率达到 96.4%。林场辖区内生态环境优越，为了更好地保护和科学利用林场内的自然资源，1992 年，经原国家林业部批准，在实验林场的基础上成立了鹫峰森林公园，2003 年晋升为国家级森林公园。

为了更好地为学校教学实习科学研究和开展青少年科普活动提供服务，作者在借鉴学校和林场老一辈科研工作者研究成果的基础上，在林场开展了昆虫资源调查研究工作，并把取得的科研成果编辑出版，为高校师生实习科研和青少年科普活动的开展提供详尽资料。

经调查，实验林场现有昆虫14目122科539种，《北京林业大学实验林场昆虫图谱》记录了北京林业大学实验林场常见昆虫366种，每种配有彩色照片，文字部分介绍其主要的识别特征、分布等。本书力求简单易懂、图文并茂，直观介绍实验林场内的昆虫资源。本书主要用于科研、科普、教学实习等方面。

限于编写者水平，本书的错误和疏漏之处在所难免，恳请各位专家同行不吝指正，以臻完善。

编者

2019 年 6 月

目　录

蜻蜓目

马奇异春蜓　**Anisogomphus maacki Selys**

春蜓科 Gomphidae ················ 2

黄衣　**Pantala flavescens Fabricius**

蜻科 Libellulidae ················ 2

黄基赤蜻　**Sympetrum speciosum Oguma**

蜻科 Libellulidae ················ 3

长叶异痣蟌　**Ischnura elegans（Van de Linden）**

蟌科 Coenagrionidae ················ 4

蜚蠊目

中华地鳖　**Eupolyphaga sinensis Walker**

鳖蠊科 Corydidae ················ 6

螳螂目

广斧螳　**Hierodula petellifera Serville**

螳科 Mantidae ················ 8

中华螳螂　**Paratenodera sinensis Saussure**

螳科 Mantidae ················ 9

棕污斑螳　**Statilia maculata Thunberg**

螳科 Mantidae ················ 10

目 录

直翅目

宽翅曲背蝗　**Pararcyptera microptera meridionalis（Ikonnikov）**
网翅蝗科 Arcypteridae ·· 12

短星翅蝗　**Calliptamus abbreviatus Ikonn**
斑腿蝗科 Catantopidae ·· 12

红褐斑腿蝗　**Catantops pinguis Stal**
斑腿蝗科 Catantopidae ·· 13

棉蝗　**Chondracris rosea De Geer**
斑腿蝗科 Catantopidae ·· 13

花胫绿纹蝗　**Aiolopus tamulus（Fabricius）**
斑翅蝗科 Oedipodidae ·· 14

疣蝗　**Trilophidia annulata Thunberg**
斑翅蝗科 Oedipodidae ·· 14

短额负蝗　**Atractomorpha sinensis Bolvar**
锥头蝗科 Pyrgomorphidae ·· 15

华北蝼蛄　**Gryllotalpa unispina Saussure**
蝼蛄科 Gryllotalpidae ·· 15

油葫芦　**Gryllus testaceus Walker**
蟋蟀科 Gryllidae ·· 16

邦内特姬螽　**Metrioptera bonneti Bolivar**
螽斯科 Tettigoniidae ·· 16

日本条螽　**Ducetia japonica（Thunberg）**
螽斯科 Tettigoniidae ·· 17

半翅目

斑头蝉　**Oncotympana maculaticollis Motschulsky**
蝉科 Cicadidae ·· 20

褐斑蝉　**Platypleura kaempferi（Fabricius）**
蝉科 Cicadidae ·· 20

苹果红脊角蝉　**Machaerotypus mali Chou et Yuan**
角蝉科 Membracidae ·· 21

柳沫蝉　**Aphrophora intermedia Uhier**
沫蝉科 Cercopidae ·· 21

大青叶蝉　**Cicadella viridis Linnaeus**

叶蝉科 Cicadellidae ……………………………………………………………… 22

菱纹叶蝉　**Hishimonus sellatus Uhler**

叶蝉科 Cicadellidae ……………………………………………………………… 22

窗耳叶蝉　**Ledra auditura Walker**

叶蝉科 Cicadellidae ……………………………………………………………… 23

黑叶蝉　**Macrosteles fuscinervis Matsumura**

叶蝉科 Cicadellidae ……………………………………………………………… 23

斑衣蜡蝉　**Lycorma delicatula White**

蜡蝉科 Fulgoridae ………………………………………………………………… 24

伯瑞象蜡蝉　**Dictyophara patruelis Stal**

象蜡蝉科 Dictyopharidae ………………………………………………………… 25

黄栌丽木虱　**Calophya rhois（Löw）**

丽木虱科 Calophyidae …………………………………………………………… 25

桑异脉木虱　**Anomoneura mori Schwarz**

木虱科 Psilidae …………………………………………………………………… 26

柳蚜　**Aphis farinosa Gmelin**

蚜科 Aphididae …………………………………………………………………… 26

刺槐蚜　**Aphis robiniae Macchiati**

蚜科 Aphididae …………………………………………………………………… 27

杨白毛蚜　**Chaitophorus populialbae（Boyer de Fonscolombe）**

蚜科 Aphididae …………………………………………………………………… 28

桃粉大尾蚜　**Hyalopterus amygdali（Blanchard）**

蚜科 Aphididae …………………………………………………………………… 28

栾多态毛蚜　**Periphyllus koelreuteriae（Takahashi）**

蚜科 Aphididae …………………………………………………………………… 29

秋四脉绵蚜　**Tetraneura nigriabdominalis（Sasaki）**

绵蚜科 Erisomatidae ……………………………………………………………… 29

艾旌蚧　**Orthezia yasushii Kuwana**

旌蚧科 Ortheziidae ………………………………………………………………… 30

草履蚧　**Drosicha corpulenta（Kuwana，1902）**

绵蚧科 Monophlebidae …………………………………………………………… 31

康氏粉蚧　**Pseudococcus comstocki（Kuwana）**

粉蚧科 Pseudococcidae …………………………………………………………… 32

石榴囊毡蚧　**Eriococcus lagerostromiae Kuwana**

毡蚧科 Eriococcidae ……………………………………………………………… 32

目　录

樱桃隙毡蚧　**Kuwanina parva（Maskell）**

　　毡蚧科 Eriococcidae ·· 33

榆大盘毡蚧　**Macroporicoccus ulmi（Tang & Hao）**

　　毡蚧科 Eriococcidae ·· 34

朝鲜毛球蚧　**Didesmococcus koreanus Borchsenius**

　　蚧科 Coccidae ·· 34

水木坚蚧　**Parthenolecanium corni（Bouchè）**

　　蚧科 Coccidae ·· 35

桦树棉蚧　**Pulvinaria betulae（L.）**

　　蚧科 Coccidae ·· 35

朝鲜褐球蚧　**Rhodococcus sariuoni Borchsenius**

　　蚧科 Coccidae ·· 36

青冈头蚧　**Beesonia napiformis（Kuwana）**

　　头蚧科 Beesoniidae ·· 36

壳点红蚧　**Kermes miyasakii Kuwana**

　　红蚧科 Kermesidae ·· 37

双黑红蚧　**Kermes nakagawae Kuwana**

　　红蚧科 Kemesidae ··· 37

日本巢红蚧　**Nidularia japonica Kuwana**

　　红蚧科 Kermesidae ·· 38

桑白盾蚧　**Pseudaulacaspis pentagona（Targioni‒Tozzetti）**

　　盾蚧科 Diaspididae ·· 38

中国螳瘤蝽　**Cnizocoris sinensis Kormilev**

　　瘤蝽科 Phymatidae ·· 39

二色赤猎蝽　**Haematoloecha nigrorufa Stal**

　　猎蝽科 Reduviidae ·· 40

环斑猛猎蝽　**Sphedanolestes impressicollis Stal**

　　猎蝽科 Reduviidae ·· 41

梨冠网蝽　**Stephanitis nashi Esaki et Takeya**

　　网蝽科 Tingidae ·· 41

膜肩网蝽　**Hegesidemus habrus Darke**

　　网蝽科 Tingidae ·· 42

横带红长蝽　**Lygaeus equestris Linnaeus**

　　长蝽科 Lygaeidae ··· 43

稻棘缘蝽　**Cletus punctiger Dallas**

　　缘蝽科 Coreidae ·· 44

东方原缘蝽　**Coreus marginatus orientalis Kiritshenko**

缘蝽科 Coreidae ·· 45

波原缘蝽　**Coreus potanini Jakovlev**

缘蝽科 Coreidae ·· 46

广腹同缘蝽　**Homoeocerus dilatatus Horvath**

缘蝽科 Coreidae ·· 46

波赫缘蝽　**Ochrochira potanini Kiritshenko**

缘蝽科 Coreidae ·· 47

二色普缘蝽　**Plinachtus bicoloripes Scott**

缘蝽科 Coreidae ·· 47

点蜂缘蝽　**Riptortus pedestris Fabricius**

缘蝽科 Coreidae ·· 48

红足壮异蝽　**Urochela quadrinotata Reuter**

异蝽科 Urostylidae ·· 49

副锥同蝽　**Sastragala edessoides Distant**

同蝽科 Acanthosomatidae ·· 50

锤胁跷蝽　**Yemma signatus Hsiao**

跷蝽科 Berytidae ·· 50

斑须蝽　**Dolycoris baccarum（Linnaeus）**

蝽科 Pentatomidae ·· 51

麻皮蝽　**Erthesina fullo（Thunberg）**

蝽科 Pentatomidae ·· 51

菜蝽　**Eurydema dominulus（Scopoli）**

蝽科 Pentatomidae ·· 52

横纹菜蝽　**Eurydema gebleri Kolenati**

蝽科 Pentatomidae ·· 52

赤条蝽　**Graphosoma rubrolineata（Westwood）**

蝽科 Pentatomidae ·· 53

茶翅蝽　**Halyomorpha picus Fabricius**

蝽科 Pentatomidae ·· 54

全蝽　**Homalogonia obtusa　（Walker）**

蝽科 Pentatomidae ·· 55

紫蓝曼蝽　**Menida violacea Motschulsky**

蝽科 Pentatomidae ·· 55

金绿真蝽　**Pentatoma metallifera Motshulsky**

蝽科 Pentatomidae ·· 56

目 录

珀蝽　**Plautia fimbriata（Fabricius）**

　　蝽科 Pentatomidae ·· 57

金绿宽盾蝽　**Poecilocoris lewisi Distant**

　　盾蝽科 Scutelleridae ·· 58

短点边土蝽　**Legnotus breviguttulus Hsiao**

　　土蝽科 Cydnidae ··· 59

三点盲蝽　**Adelphocoris fasciaticollis Reuter**

　　盲蝽科 Miridae ·· 60

三环苜蓿盲蝽　**Adelphocoris triannulatus Stal**

　　盲蝽科 Miridae ·· 61

脉翅目

大草蛉　**Chrysopa pallens（Rambur）**

　　草蛉科 Chrysopidae ·· 64

中华通草蛉　**Chrysoperla sinica（Tjeder）**

　　草蛉科 Chrysopidae ·· 64

汉优螳蛉　**Eumantispa harmandi（Navás）**

　　螳蛉科 Mantispidae ·· 65

中华东蚁蛉　**Euroleon sinicus Navas**

　　蚁蛉科 Myrmeleontidae ··· 65

蛇蛉目

戈壁黄痣蛇蛉　**Xanthostigma gobicola Apöck et Apöck**

　　蛇蛉科 Raphidiidae ·· 68

鞘翅目

麻步甲　**Carabus brandti Faldermann**

　　步甲科 Carabidae ·· 70

绿步甲　**Carabus smaragdinus Fischer von Waldheim**

　　步甲科 Carabidae ·· 70

中华婪步甲　**Harpalus sinicus Hope**

　　步甲科 Carabidae ·· 71

芽斑虎甲　**Cicindela gemmata Faldermann**

　　步甲科 Carabidae ·· 71

油菜叶露尾甲　**Strongyllodes variegatus Fairmaire**

　　露尾甲科 Nitidulidae ·· 72

白蜡窄吉丁　**Agrilus planipennis Fairmaire**

　　吉丁科 Buprestidae ·· 73

栎星吉丁　**Chrysobothris affinis Fabricius**

　　吉丁科 Buprestidae ·· 73

四黄斑吉丁　**Ptosima chinensis Marseul**

　　吉丁科 Buprestidae ·· 74

褐纹叩头甲　**Melanotus caudex Lewis**

　　叩甲科 Elateridae ·· 74

泥红槽缝叩甲　**Agrypnus argillaceus Solsky**

　　叩甲科 Elateridae ·· 75

黄褐前凹锹甲　**Prosopocolius blanchardi（Parry）**

　　锹甲科 Lucanidae ·· 75

大黑鳃金龟　**Hololtrichia diomphalia Batesa**

　　鳃金龟科 Melolonthidae ·· 76

毛黄鳃金龟　**Holotrichia trichophora Fair.**

　　鳃金龟科 Melolonthidae ·· 76

粗绿丽金龟　**Mimela holosericea Fabricius**

　　丽金龟科 Rutelidae ·· 77

铜绿丽金龟　**Anomala corpulenta Motschulsky**

　　丽金龟科 Rutelidae ·· 77

四纹丽金龟　**Popillia quadriguttata Fabricius**

　　丽金龟科 Rutelidae ·· 78

白斑跗花金龟　**Clinterocera mandarina（Westwood）**

　　花金龟科 Cetoniidae ··· 78

小青花金龟　**Oxycetonia jucunda Faldermann**

　　花金龟科 Cetoniidae ··· 79

白星花金龟　**Protaetia brevitarsis Lewis**

　　花金龟科 Cetoniidae ··· 79

短毛斑金龟　**Lasiotrichius succinctus（Pallas）**

　　斑金龟科 Trichiidae ··· 80

达氏琵甲　**Blaps davidis Deyrolle**

　　拟步甲科 Tenebrionidae ·· 80

波氏栉甲　**Cteniopinus potanini Heyd**

　　拟步甲科 Tenebrionidae ·· 81

目　录

网目拟地甲　**Opatrum subaratum Faldermann**

　　拟步甲科 Tenebrionidae ·· 82

连斑奥郭公　**Opilo communimacula Fairmaire**

　　郭公虫科 Cleridae ··· 82

中华食蜂郭公虫　**Trichodes sinae Chevrolat**

　　郭公虫科 Cleridae ··· 83

绿芫菁　**Lytta caraganae Pallas**

　　芫菁科 Meloidae ·· 84

绿边芫菁　**Lytta suturella Motschulsky**

　　芫菁科 Meloidae ·· 84

苹斑芫菁　**Mylabris calida Pallas**

　　芫菁科 Meloidae ·· 85

黑腹栉角萤　**Vesta chevrolatii Laporte**

　　萤科 Lampyridae ··· 85

赤缘吻红萤　**Lycostomus porphyrophorus（Solsky）**

　　红萤科 Lycidae ··· 86

多异瓢虫　**Adonia variegate Goeze**

　　瓢虫科 Coccinellidae ·· 86

红点唇瓢虫　**Chilocorus kuwanae Silvestri**

　　瓢虫科 Coccinellidae ·· 87

黑缘红瓢虫　**Chilocorus rubldus Hope**

　　瓢虫科 Coccinellidae ·· 87

七星瓢虫　**Coccinella septempunctata Linnaeus**

　　瓢虫科 Coccinellidae ·· 88

十一星瓢虫　**Coccinella undecimpunctata Linnaeus**

　　瓢虫科 Coccinellidae ·· 89

异色瓢虫　**Harmonia axyridis（Pallas）**

　　瓢虫科 Coccinellidae ·· 90

马铃薯瓢虫　**Henosepilachna vigintioctomaculata Motschulsky**

　　瓢虫科 Coccinellidae ·· 91

龟纹瓢虫　**Propylea japonica Thunberg**

　　瓢虫科 Coccinellidae ·· 92

十二斑褐菌瓢虫　**Vibidia duodecimguttata（Poda）**

　　瓢虫科 Coccinellidae ·· 92

红环瓢虫　**Rodolia limbata Motschulsky**

　　瓢虫科 Coccinellidae ·· 93

阿尔泰天牛　**Amarysius altajensis Laxmann**

　　天牛科 Cerambycidae ………………………………………………………… 94

桑天牛　**Apriona germarii Hope**

　　天牛科 Cerambycidae ………………………………………………………… 94

光肩星天牛　**Anoplophora glabripennis（Motschulsky）**

　　天牛科 Cerambycidae ………………………………………………………… 95

桃红颈天牛　**Aromia bungii Faldermann**

　　天牛科 Cerambycidae ………………………………………………………… 96

红缘天牛　**Asias halodendri Pallas**

　　天牛科 Cerambycidae ………………………………………………………… 97

云斑白条天牛　**Batocera lineolata Chevrolat**

　　天牛科 Cerambycidae ………………………………………………………… 98

六斑绿虎天牛　**Chlorophorus sexmaculatus Motschulsky**

　　天牛科 Cerambycidae ………………………………………………………… 98

曲纹花天牛　**Leptura arcuata Panzer**

　　天牛科 Cerambycidae ………………………………………………………… 99

薄翅天牛　**Megopis sinica White**

　　天牛科 Cerambycidae ………………………………………………………… 99

双簇污天牛　**Moechotypa diphysis Pascoe**

　　天牛科 Cerambycidae ………………………………………………………… 100

舟山筒天牛　**Oberea inclusa Pascoe**

　　天牛科 Cerambycidae ………………………………………………………… 100

黑点粉天牛　**Olenecamptus subobliteratus Pic**

　　天牛科 Cerambycidae ………………………………………………………… 101

双斑松天牛　**Pachyta bicuneata Motschulsky**

　　天牛科 Cerambycidae ………………………………………………………… 102

多带天牛　**Polyzonus fasciatus（Fabricius）**

　　天牛科 Cerambycidae ………………………………………………………… 103

刺角天牛　**Trirachys orientalis Hope**

　　天牛科 Cerambycidae ………………………………………………………… 103

双条杉天牛　**Semanotus bifasciatus Motschulsky**

　　天牛科 Cerambycidae ………………………………………………………… 104

麻竖毛天牛　**Thyestilla gebleri Faldermann**

　　天牛科 Cerambycidae ………………………………………………………… 105

红翅伪叶甲　**Lagria rufipennis Marseul**

　　伪叶甲科 Lgariinae ………………………………………………………… 106

目 录

甘薯蜡龟甲　Laccoptera quadrimaculata Thunberg

　　铁甲科 Hispidae …………………………………………………………… 107

榆紫叶甲　Ambrostoma quadriimpressum Motschlsky

　　叶甲科 Chrysomelidae ……………………………………………………… 108

中华萝藦叶甲　Chrysochus chinensis Baly

　　叶甲科 Chrysomelidae ……………………………………………………… 109

蒿金叶甲　Chrysolina aurichalcea（Mannerheim）

　　叶甲科 Chrysomelidae ……………………………………………………… 110

柳十八斑叶甲　Chrysomela salicivorax Fairmaire

　　叶甲科 Chrysomelidae ……………………………………………………… 110

杨叶甲　Chrysomela populi Linnaeus

　　叶甲科 Chrysomelidae ……………………………………………………… 111

槭隐头叶甲　Cryptocephalus mannerheimi Gebler

　　叶甲科 Chrysomelidae ……………………………………………………… 112

阔胫萤叶甲　Pallasiola absinthii Pallas

　　叶甲科 Chrysomelidae ……………………………………………………… 112

十星瓢萤叶甲　Oides decempunctata Billberg

　　叶甲科 Chrysomelidae ……………………………………………………… 113

黄栌胫跳甲　Ophrida xanthospilota Baly

　　叶甲科 Chrysomelidae ……………………………………………………… 114

双曲条跳甲　Phyllotreta striolata Fabricius

　　叶甲科 Chrysomelidae ……………………………………………………… 115

柳蓝叶甲　Plagiodera versicolora Laicharting

　　叶甲科 Chrysomelidae ……………………………………………………… 116

榆绿萤叶甲　Pyrrhalta aenescens Fairmaire

　　叶甲科 Chrysomelidae ……………………………………………………… 117

榆黄叶甲　Pyrrhalta maculicollis Motschulsky

　　叶甲科 Chrysomelidae ……………………………………………………… 118

梨光叶甲　Smaragdina semiaurantiaca Fairmaire

　　叶甲科 Chrysomelidae ……………………………………………………… 119

桦绿卷叶象　Byctiscus betulae Linnaeus

　　卷象科 Attelabidae ………………………………………………………… 119

圆斑卷象　Paroplapoderus semiannulatus Jekel

　　卷象科 Attelabidae ………………………………………………………… 120

隆脊绿象　Chlorophanus lineolus Motsulschy

　　象甲科 Curculionidae ……………………………………………………… 120

赵氏瘿孔象　**Coccotorus chaoi Chen**
象甲科 Curculionidae ································· 121

短带长毛象　**Enaptorrhinus convexiusculus Herer**
象甲科 Curculionidae ································· 122

松树皮象　**Hylobius haroldi Faust**
象甲科 Curculionidae ································· 122

臭椿沟眶象　**Eucryptorrhynchus brandti Harold**
象甲科 Curculionidae ································· 123

简喙象　**Lixus sp.**
象甲科 Curculionidae ································· 124

大球胸象　**Piazomias validus Motschulsky**
象甲科 Curculionidae ································· 125

杨潜叶跳象　**Rhynchaenu sempopulifolis Chen**
象甲科 Curculionidae ································· 126

纵坑切梢小蠹　**Tomicus piniperda Linnaeus**
象甲科 Curculionidae ································· 126

北京灰象　**Sympiezomias herzi Faust**
象甲科 Curculionidae ································· 127

双翅目

短柄大蚊　**Nephrotoma scalaris**（Meigen）
大蚊科 Tipulidae ································· 130

红腹毛蚊　**Bibio rufiventris**（Duda）
毛蚊科 Bibionidae ································· 131

牛虻　**Tabanus sp.**
虻科 Tabanidae ································· 132

浅翅斑蜂虻　**Hemipenthes velutina**（Meigen）
蜂虻科 Bombylidae ································· 132

中华单羽食虫虻　**Cophinopoda chinensis Fabricius**
食虫虻科 Asilidae ································· 133

黑带食蚜蝇　**Episyrphus balteata De Geer**
食蚜蝇科 Syrphidae ································· 134

灰带食蚜蝇　**Eristalis cerealis Fabricius**
食蚜蝇科 Syrphidae ································· 135

长尾管蚜蝇　**Eristalis tenax Linnaeus**
食蚜蝇科 Syrphidae ································· 135

目 录

大灰食蚜蝇　**Syrphus corollae Fabricius**
食蚜蝇科 Syrphidae ························ 136

红头丽蝇　**Calliphora vicina Robineall**
丽蝇科 Calliphoridae ······················ 136

豌豆彩潜蝇　**Chromatomyia horticola Goureau**
潜蝇科 Agromyzidae ······················ 137

鳞翅目

大黄长角蛾　**Nemophora amurensis（Alpheraky）**
长角蛾科 Adelidae ························ 140

稠李巢蛾　**Yponomeuta evonymellus（Linnaeus）**
巢蛾科 Yponomeutidae ···················· 141

小菜蛾　**Plutella xylostella（Linnaeus）**
菜蛾科 Plutellidae ······················· 141

双线织蛾　**Promalactis sp.**
织蛾科 Oecophoridae ····················· 142

点线锦织蛾　**Promalactis suzukiella（Matsumura，1931）**
织蛾科 Oecophoridae ····················· 142

桃展足蛾　**Stathmopoda auriferella（Walker，1864）**
织蛾科 Oecophoridae ····················· 143

褐边绿刺蛾　**Parasa consocia（Walker）**
刺蛾科 Limacodidae ······················ 143

黄刺蛾　**Cnidocampa flavescens（Walker）**
刺蛾科 Limacodidae ······················ 144

中国绿刺蛾　**Parasa sinica Moore**
刺蛾科 Limacodidae ······················ 145

扁刺蛾　**Thosea sinensis（Walker）**
刺蛾科 Limacodidae ······················ 146

蒙古木蠹蛾　**Cossus mongolicus（Ersohoff）**
木蠹蛾科 Cossidae ······················· 147

柳木蠹蛾　**Holcocerus vicarius（Walker）**
木蠹蛾科 Cossidae ······················· 147

多斑豹蠹蛾　**Zeuzera multistrigata（Moore）**
木蠹蛾科 Cossidae ······················· 148

黄斑长翅卷蛾　**Acleris fimbriana Thunberg**
卷蛾科 Tortricidae ······················· 148

梨黄卷蛾　**Archips breviplicana**（Walsingham）

　　卷蛾科 Tortricidae ·· 149

草小卷蛾　**Celypha flavipalpana**（Herrich – Schaffer）

　　卷蛾科 Tortricidae ·· 149

长褐卷蛾　**Pandemis emptycta**（Meyrick）

　　卷蛾科 Tortricidae ·· 150

二点织螟　**Aphomia zelleri**（Joannis）

　　螟蛾科 Pyralidae ··· 150

库式歧角螟　**Endotricha kuznetzovi**　Whalley

　　螟蛾科 Pyralidae ··· 151

榄绿歧角螟　**Endotricha olivacealis**（Bremer）

　　螟蛾科 Pyralidae ··· 151

褐巢螟　**Hypsopygia regina**（Butler）

　　螟蛾科 Pyralidae ··· 152

金黄螟　**Pyralis ragalis Denis et Schiffermuller**

　　螟蛾科 Pyralidae ··· 153

元参棘趾野螟　**Anania verbascalis**（Denis et Schiffermüller）

　　草螟科 Crambidae ··· 154

桃蛀螟　**Conogethes punctiferalis**（Guenée）

　　草螟科 Crambidae ··· 154

四斑绢野螟　**Glyphodes quadrimaculalis**（Bremer et Grey）

　　草螟科 Crambidae ··· 155

黑缘梨角野螟　**Goniorhynchus butyrosus**（Bulter）

　　草螟科 Crambidae ··· 155

黑斑蚀叶野螟　**Lamprosema sibirialis**（Milliére）

　　草螟科 Crambidae ··· 156

草地螟　**Loxostege sticticalis**（Linnaeus）

　　草螟科 Crambidae ··· 156

豆荚野螟　**Maruca testulalis**（Fabricius）

　　草螟科 Crambidae ··· 157

玉米螟　**Ostrinia furnacalis**（Guenée）

　　草螟科 Crambidae ··· 157

李枯叶蛾　**Gastropacha quercifolia**（Linnaeus）

　　枯叶蛾科 Lasiocampidae ·· 158

黄斑波纹杂枯叶蛾　**Kunugia undans fasciatella**（Ménétriés）

　　枯叶蛾科 Lasiocampidae ·· 158

目 录

天幕毛虫　**Malacosoma Neustria（Linnaeus）**

　　枯叶蛾科 Lasiocampidae ················· 159

苹枯叶蛾　**Odonestis pruni（Linnaeus）**

　　枯叶蛾科 Lasiocampidae ················· 159

东北栎毛虫　**Paralebeda femorata（Menetries，1858）**

　　枯叶蛾科 Lasiocampidae ················· 160

黄波花蚕蛾　**Oberthueria caeca（Oberthür）**

　　蚕蛾科 Bombycidae ··················· 160

绿尾大蚕蛾　**Actias ningpoana（C. Felder et R. Felder）**

　　天蚕蛾科 Saturniidae ················· 161

樗蚕　**Philosamia cynthia Walker**

　　天蚕蛾科 Saturniidae ················· 162

波水蜡蛾　**Brahmaea undulata（Bremer et Grey）**

　　箩纹蛾科 Brahmaeidae ················· 162

核桃鹰翅天蛾　**Ambulyx schauffelbergeri Bremer et Grey**

　　天蛾科 Sphingidae ··················· 163

葡萄天蛾　**Ampelophaga rubiginosa（Bremer et Grey）**

　　天蛾科 Sphingiade ··················· 163

榆绿天蛾　**Callambulyx tatarinnovi（Bremer et Grey）**

　　天蛾科 Sphingidae ··················· 164

平背天蛾　**Cechenena minor（Bulter）**

　　天蛾科 Sphingidae ··················· 164

红天蛾　**Deilephila elpenor lewisi（Butler）**

　　天蛾科 Sphingiade ··················· 165

绒星天蛾　**Dolbina tancrei（Staudinger）**

　　天蛾科 Sphingidae ··················· 165

白须天蛾　**Kentrochrysalis sieversi（Alphéraky）**

　　天蛾科 Sphingidae ··················· 166

黄脉天蛾　**Laothoe amurensis sinica（Rothschild et Jordan，1903）**

　　天蛾科 Sphingiade ··················· 166

黄腰雀天蛾　**Macroglossum nycteris（Kollar）**

　　天蛾科 Sphingidae ··················· 167

小豆长喙天蛾　**Macroglossum stellatarum（Linnaeus）**

　　天蛾科 Sphingidae ··················· 167

枣桃六点天蛾　**Marumba gaschkewitschi（Bremer et Grey）**

　　天蛾科 Sphingidae ··················· 168

栗六点天蛾　**Marumba sperchius**（Ménétriés，1857）
　　天蛾科 Sphingiade ·· 168

盾天蛾　**Phyllosphingia dissimilis**（Cramer）
　　天蛾科 Sphingidae ·· 169

霜天蛾　**Psilogramma menephron**（Cramer）
　　天蛾科 Sphingidae ·· 169

紫光盾天蛾　**Phyllosphingia dissimilis sinensis**（Jordan）
　　天蛾科 Sphingidae ·· 170

杨目天蛾　**Smerinthus caecus Ménétriés**
　　天蛾科 Sphingidae ·· 171

蓝目天蛾　**Smerinthus planus**（Walker）
　　天蛾科 Sphingiade ·· 171

赤杨镰钩蛾　**Drepana curvatula**（Borkhauser）
　　钩蛾科 Drepanidae ·· 172

醋栗尺蛾　**Abraxas grossulariata**（Linnaeus）
　　尺蛾科 Geometridae ·· 172

萝藦艳青尺蛾　**Agathia carissima**（Butler）
　　尺蛾科 Geometridae ·· 173

黄灰呵尺蛾　**Arichanna haunghui**（Yang）
　　尺蛾科 Geometridae ·· 173

大桥造虫　**Ascotis selenaria**（Schiffermüller et Denis）
　　尺蛾科 Geometridae ·· 174

丝棉木金星尺蛾　**Calospolos suspecta**（Warren）
　　尺蛾科 Geometridae ·· 174

紫条尺蛾　**Calothysanis amata recompta Prout**
　　尺蛾科 Geometridae ·· 175

国槐尺蛾　**Chiasmia cinerearia**（Bremer et Grey，1853）
　　尺蛾科 Geometridae ·· 175

栎绿尺蛾　**Comibaena delicatior**（Warren）
　　尺蛾科 Geometridae ·· 176

木橑尺蛾　**Culcula panterinria**（Bremer et Grey）
　　尺蛾科 Geometridae ·· 176

枞灰尺蛾　**Deileptenia ribeata**（Clerck）
　　尺蛾科 Geometridae ·· 177

直脉青尺蛾　**Geometra valida Felder et Rogenhofer**
　　尺蛾科 Geometridae ·· 177

目 录

菊四目绿尺蛾　Euchloris albocostaria（Bremer）

尺蛾科 Geometridae ·· 178

角顶尺蛾　Hemerophila emaria（Bremer）

尺蛾科 Geometridae ·· 179

青辐射尺蛾　Iotaphora admirabilis

尺蛾科 Geometridae ·· 179

蝶青尺蛾　Hipparchus papilionaria（Linnaeus）

尺蛾科 Geometridae ·· 180

红双线免尺蛾　Hyperythra obliqua（Warren）

尺蛾科 Geometridae ·· 181

缘点尺蛾　Lomaspilis marginata（Linnarus）

尺蛾科 Geometridae ·· 182

女贞尺蛾　Naxa（Psilonaxa）seriaria Motschulsky

尺蛾科 Geometridae ·· 182

枯斑翠尺蛾　Ochrognesia difficta（Walker）

尺蛾科 Geometridae ·· 183

四星尺蛾　Ophthalmodes irrotaria（Bremer et Grey）

尺蛾科 Geometridae ·· 184

雪尾尺蛾　Ourapteryx nivea（Bulter）

尺蛾科 Geometridae ·· 184

桑尺蛾　Phthonandria atrilineata（Butler，1881）

尺蛾科 Geometridae ·· 185

苹果烟尺蛾　Phthonosema tendinosaria（Bremer）

尺蛾科 Geometridae ·· 185

斧木纹尺蛾　Plagodis dolabraria（Linnaeus）

尺蛾科 Geometridae ·· 186

长眉眼尺蛾　Problepsis changmei Yang

尺蛾科 Geometridae ·· 186

忍冬尺蛾　Somatina indicataria Walker

尺蛾科 Geometridae ·· 187

环缘奄尺蛾　Stegania cararia（Hübner）

尺蛾科 Geometridae ·· 187

绿叶碧尺蛾　Thetidia chlorophyllaria（Hedyemann）

尺蛾科 Geometridae ·· 188

杨二尾舟蛾　Cerura menciana（Moore）

舟蛾科 Notodontidae ·· 188

短扇舟蛾　**Clostera albosigma curtuloides**（Erschoff）

　　舟蛾科 Notodontidae ···································· 189

黑蕊尾舟蛾　**Dudusa sphingiformis**（Moore）

　　舟蛾科 Notodontidae ···································· 190

仿白边舟蛾　**Nerice hoenei**（Kiriakoff）

　　舟蛾科 Notodontidae ···································· 190

黄二星舟蛾　**Euhampsonia cristata**（Butler，1877）

　　舟蛾科 Notodontidae ···································· 191

银二星舟蛾　**Euhampsonia splendida**（Oberthür）

　　舟蛾科 Notodontidae ···································· 192

基线纺舟蛾　**Fusadonta basilinea**（Wileman）

　　舟蛾科 Notodontidae ···································· 193

厄内斑舟蛾　**Peridea elzet**（Kiriakoff）

　　舟蛾科 Notodontidae ···································· 194

侧带内斑舟蛾　**Peridea lativitta**（Wileman）

　　舟蛾科 Notodontidae ···································· 194

窄掌舟蛾　**Phalera angustipennis**（Matsumura）

　　舟蛾科 Notodontidae ···································· 195

栎掌舟蛾　**Phalera assimilis**（Bremer et Grey）

　　舟蛾科 Notodontidae ···································· 195

苹掌舟蛾　**Phalera flavescens**（Bremer et Grey）

　　舟蛾科 Notodontidae ···································· 196

杨白剑舟蛾　**Pheosia fusiformis**（Matsumura）

　　舟蛾科 Notodontidae ···································· 197

丽金舟蛾　**Spatalia dives**（Oberthür）

　　舟蛾科 Notodontidae ···································· 197

槐羽舟蛾　**Pterostoma sinicum Moore**

　　舟蛾科 Notodontidae ···································· 198

苹蚁舟蛾　**Stauropus fagi**（Linnaeus）

　　舟蛾科 Notodontidae ···································· 199

白毒蛾　**Arctotnis l–nigrum**（Müller）

　　毒蛾科 Lymantridae ···································· 199

核桃美舟蛾　**Uropyia meticulodina**（Oberthür）

　　舟蛾科 Notodontidae ···································· 200

折带黄毒蛾　**Euproctis flava**（Bremer）

　　毒蛾科 Lymantridae ···································· 201

目 录

豆盗毒蛾　**Euproctis piperita**（Oberthür）

　　毒蛾科 Lymantridae ··· 201

戟盗毒蛾　**Euproctis pulverea**（Leech）

　　毒蛾科 Lymantridae ··· 202

幻带黄毒蛾　**Euproctis varians**（walker）

　　毒蛾科 Lymantridae ··· 202

榆黄足毒蛾　**Ivela ochropoda**（Eversmann）

　　毒蛾科 Lymantridae ··· 203

古毒蛾　**Orgyia antiqua**（Linnaeus）

　　毒蛾科 Lymantridae ··· 203

盗毒蛾　**Porthesia similis**（Fuessly）

　　毒蛾科 Lymantridae ··· 204

柳毒蛾　**Stilpnotia candida**（Staudinger）

　　毒蛾科 Lymantridae ··· 204

广鹿蛾　**Amata emma**（Butler）

　　鹿蛾科 Ctenuchidae ··· 205

黑鹿蛾　**Amata ganssuensis**（Grum – Grshimailo）

　　鹿蛾科 Ctenuchidae ··· 206

红缘灯蛾　**Amsacta lactinea**（Cramer）

　　灯蛾科 Arctiidae ··· 207

白雪灯蛾　**Chionarctia nievens**（Menetries）

　　灯蛾科 Arctiidae ··· 207

头橙华苔蛾　**Ghoria gigantean**（Oberthür）

　　灯蛾科 Arctiidae ··· 208

淡黄望灯蛾　**Lemyra jankowskii**（Oberthüer）

　　灯蛾科 Arctiidae ··· 208

四点苔蛾　**Lithosia quadra**（Linnaeus）

　　灯蛾科 Arctiidae ··· 209

美苔蛾　**Miltochrista miniata**（Forest）

　　灯蛾科 Arctiidae ··· 209

优美苔蛾　**Mitochrista striata**（Bremer et Bery）

　　灯蛾科 Arctiidae ··· 210

人纹污灯蛾　**Spilarctia subcarnea**（Walker）

　　灯蛾科 Arctiidae ··· 210

斑灯蛾　**Pericallia matronula**（Linnaeus）

　　灯蛾科 Arctiidae ··· 211

肖浑黄灯蛾　**Rhyparioides amurensis**（**Bremer**）

　　灯蛾科 Arctiidae ································· 212

明痣苔蛾　**Stigmatophora micans**（**Bremer**）

　　灯蛾科 Arctiidae ································· 213

艳修虎蛾　**Sarbanissa venusta**（**Leech**）

　　虎蛾科 Agaristidae ······························ 213

桑剑纹夜蛾　**Acronicta major**（**Bremer**）

　　夜蛾科 Noctuidae ······························ 214

小地老虎　**Agrotis ypsilon Rottemberg**

　　夜蛾科 Noctuiidae ····························· 214

白线散纹夜蛾　**Callopistria albolineola**（**Graeser**）

　　夜蛾科 Noctuidae ······························ 215

北海道壶夜蛾　**Calyptra hokkaida**（**Wileman**）

　　夜蛾科 Noctuidae ······························ 215

平嘴壶夜蛾　**Calyptra lata**（**Butler**）

　　夜蛾科 Noctuidae ······························ 216

金斑夜蛾　**Chrysaspidia festucae**（**Linnaeus**）

　　夜蛾科 Noctuidae ······························ 216

三斑蕊夜蛾　**Cymatophoropsis trimaculata**（**Bremer**）

　　夜蛾科 Noctuidae ······························ 217

粉缘钻夜蛾　**Earias pudicana**（**Staudinger**）

　　夜蛾科 Noctuidae ······························ 217

珀光裳夜蛾　**Ephesia helena**（**Eversmann**）

　　夜蛾科 Noctuidae ······························ 218

苇实夜蛾　**Heliothis maritima**（**Graslin**）

　　夜蛾科 Noctuidae ······························ 218

缤夜蛾　**Moma alpium**（**Osbeck**）

　　夜蛾科 Noctuidae ······························ 219

黏虫　**Mythimna separata**（**Walker**）

　　夜蛾科 Noctuiidae ····························· 219

绿孔雀夜蛾　**Nacna malachitis**（**Oberthür**）

　　夜蛾科 Noctuidae ······························ 220

洼皮夜蛾　**Nolathripa lactaria**（**Graeser**）

　　夜蛾科 Noctuidae ······························ 220

苹眉夜蛾　**Pangrapta obscurata**（**Butler**）

　　夜蛾科 Noctuidae ······························ 221

目　录

短喙夜蛾　**Panthauma egregia**（Staudinger）

　　夜蛾科 Noctuidae ……………………………………………………………… 221

宽胫夜蛾　**Schinia scutosa**（Goeze）

　　夜蛾科 Noctuidae ……………………………………………………………… 222

棘翅夜蛾　**Scoliopteryx libatrix**（Linnaeus）

　　夜蛾科 Noctuidae ……………………………………………………………… 222

丹日明夜蛾　**Sphragifera sigillata**

　　夜蛾科 Noctuidae ……………………………………………………………… 223

绿带翠凤蝶　**Papilio maackii**（Ménétriès）

　　凤蝶科 Papilionidae …………………………………………………………… 223

柑橘凤蝶　**Papilio xuthus**（Linnaeus）

　　凤蝶科 Papilionidae …………………………………………………………… 224

丝带凤蝶　**Sericenus montelus**（Gray）

　　凤蝶科 Papilionidae …………………………………………………………… 224

绢粉蝶　**Aporia crataegi**（Linnaeus）

　　粉蝶科 Pieridae ………………………………………………………………… 225

斑缘豆粉蝶　**Colias erate Esper**

　　粉蝶科 Pieridae ………………………………………………………………… 225

淡色钩粉蝶　**Gonepteryx aspasia**（Ménétriés）

　　粉蝶科 Pieridae ………………………………………………………………… 226

菜粉蝶　**Pieris rapae**（Linnaeus）

　　粉蝶科 Pieridae ………………………………………………………………… 226

云斑粉蝶　**Pontia edusa**（Fabricius）

　　粉蝶科 Pieridae ………………………………………………………………… 227

多眼蝶　**Kirinia epimenides**（Staudinger）

　　眼蝶科 Satyridae ……………………………………………………………… 227

白眼蝶　**Melanargia halimede**（Ménétriès）

　　眼蝶科 Satyridae ……………………………………………………………… 228

矍眼蝶　**Ypthima motschulskyi**（Bremer et Gray）

　　眼蝶科 Satyridae ……………………………………………………………… 228

柳紫闪蛱蝶　**Apatura ilia**（Denis et Schiffermüller）

　　蛱蝶科 Nymphalidae ………………………………………………………… 229

孔雀蛱蝶　**Inachis io**（Linnaeus）

　　蛱蝶科 Nymphalidae ………………………………………………………… 230

红线蛱蝶　**Limenitis populi**（Linnaeus）

　　蛱蝶科 Nymphalidae ………………………………………………………… 230

白斑迷蛱蝶　**Mimathyma schrenckii**（Ménétrès）

蛱蝶科 Nymphalidae ···································· 231

白距朱桦蛱蝶　**Nymphalis vau－album**（Schiffermüller）

蛱蝶科 Nymphalidae ···································· 231

小环蛱蝶　**Neptis sappho**（Pallas）

蛱蝶科 Nymphalidae ···································· 232

白钩蛱蝶　**Polygonia c－album**（Linnaeus）

蛱蝶科 Nymphalidae ···································· 233

黄钩蛱蝶　**Polygonia c－aureum**（Linnaeus）

蛱蝶科 Nymphalidae ···································· 233

大红蛱蝶　**Vanessa indica**（Herbst）

蛱蝶科 Nymphalidae ···································· 234

琉璃灰蝶　**Celastrina argiolus L.**

灰蝶科 Lycaenidae ···································· 235

蓝灰蝶　**Cupido argiades**（Pallas）

灰蝶科 Lycaenidae ···································· 236

红珠灰蝶　**Lycaeides argyrognomon**（Bergstraesser）

灰蝶科 Lycaenidae ···································· 237

乌洒灰蝶　**Satyrium pruni**（Linnaens）

灰蝶科 Lycaenidae ···································· 237

玄灰蝶　**Tongeia fischeri**（Eversmann）

灰蝶科 Lycaenidae ···································· 238

河伯锷弄蝶　**Aeromachus inachus**（Ménétriès）

弄蝶科 Hesperiidae ···································· 239

双带弄蝶　**Lobocla bifasciata**（Bremer et Grey）

弄蝶科 Hesperiidae ···································· 240

花弄蝶　**Pyrgus maculatus**（Bremer et Grey）

弄蝶科 Hesperiidae ···································· 240

膜翅目

榆叶蜂　**Arge captiva Smith**

叶蜂科 Tenthredinidae ···································· 242

柳厚壁叶蜂　**Pontania postulator Forsius**

叶蜂科 Tenthredinidae ···································· 243

黄腰泥蜂　**Sceliphuron tubifex Latreille**

泥蜂科 Sphecidae ···································· 244

目　录

厚长腹土蜂　**Campsomeris grossa Fabricius**

　　土蜂科 Scoliidae ··· 245

三带沟蜾蠃　**Ancistrocerus trifasciatus Muller**

　　胡蜂科 Vespidae ··· 246

陆蜾蠃　**Eumenes mediterraneus Kriechbaumer**

　　胡蜂科 Vespidae ··· 247

角马蜂　**Polistes antennalis Perez**

　　胡蜂科 Vespidae ··· 247

黑盾胡蜂　**Vespa bicolor Fabricius**

　　胡蜂科 Vespidae ··· 248

细黄胡蜂　**Vespula flaviceps（Smith）**

　　胡蜂科 Vespidae ··· 248

中华蜜蜂　**Apis cerana Fabricius**

　　蜜蜂科 Apidae ··· 249

黄胸木蜂　**Xylocopa appendiculata Smith**

　　蜜蜂科 Apidae ··· 250

中文索引 ··· 251

拉丁文索引 ··· 257

蜻蜓目
Odonata

目　　名：蜻蜓目 Odonata

科　　名：春蜓科 Gomphidae

中文名称：马奇异春蜓

学　　名：*Anisogomphus maacki* Selys

识别特征：中小型春蜓，腹部长约 35 毫米；头部上唇前方 2/3 黄色，端部 1/3 黑色，头后方具较大的黄绿色斑，其余黑色；腹部背面黄色，具有一对"7"字形纹，胸部侧面黄色，第二和第三条纹黑色；腹部大部分黑色，具黄色斑点。常见于山路旁，喜作短距离飞行。

分　　布：北京、河北、黑龙江、内蒙古、山西、陕西、河南、云南、重庆、四川、贵州、湖北等地。

目　　名：蜻蜓目 Odonata

科　　名：蜻科 Libellulidae

中文名称：黄衣

学　　名：*Pantala flavescens* Fabricius

识别特征：腹部长度 29～35 毫米，后翅 38～41 毫米。身体基本上浅黄褐色。头部黄色，单眼间有一条黑色横纹。胸部黄色，第 1 侧缝和第 3 侧缝上端以及第 2 侧缝下端具褐色斑点。足在胫节以下黑色。翅甚宽，透明，基部淡橙黄色，翅痣黄色，痣的两端不平行，外端甚斜。腹部黄褐色。

分　　布：北京、辽宁、河北、天津、山东、陕西、江苏、上海、浙江、安徽、湖北、湖南、福建、广西、贵州、云南。

目　　名：蜻蜓目 Odonata

科　　名：蜻科 Libellulidae

中文名称：黄基赤蜻

学　　名：*Sympetrum speciosum* Oguma

识别特征：成虫腹长 25~28 毫米，后翅长30~33 毫米。雄虫体红色。中胸及后胸侧
　　　　　片各具一条宽黑色斑纹，翅透明，翅痣黑色。腹部无斑纹。雌虫头部淡黄
　　　　　色，翅透明，翅基具橙黄色斑；腹部黄色，具一条贯穿腹部的黑色斑纹。

分　　布：北京、河北、河南、四川、重庆、云南、广西、广东、福建；日本。

目　　名：蜻蜓目 Odonata

科　　名：螅科 Coenagrionidae

中文名称：长叶异痣螅

学　　名：*Ischnura elegans*（Van de Linden）

识别特征：成虫腹长 22～25 毫米，后翅长 18～22 毫米。雄虫复眼上部分为黑色，下部分为天蓝色。头顶黑色，单眼后有 1 对青蓝色圆斑。前胸黑色，合胸背面前方黑色，并具 1 对蓝色条纹。合胸侧面天蓝色，无明显斑纹。翅透明，前翅翅痣由黑色和蓝色共同构成，后翅翅痣灰白色。足由黑色和淡蓝色构成。腹部第 2 腹节具强烈的金属光泽，第 3～7 腹节背面为古铜色，第 7 腹节和第 9 腹节下方为蓝色，第 8 腹节整体为蓝色。雌虫体色与雄虫相差较大，全身以淡绿色为主，腹端没有斑点。

分　　布：北京、河北、天津、山西、内蒙古、浙江、上海、广东、陕西、宁夏。

蜚蠊目
Blattaria

目　　名：蜚蠊目 Blattaria

科　　名：鳖蠊科 Corydidae

中文名称：中华地鳖

别　　名：地鳖虫、土元、地乌龟

学　　名：*Eupolyphaga sinensis* Walker

识别特征： 雌雄异型，雄有翅而雌无翅。雌成虫体长 33~34 毫米；体扁平，褐色，头及前胸背板暗色，前胸背板前缘具单色宽边。雄成虫体长 18~21 毫米，翅发达，前翅革质，半透明的淡黄色，具淡褐色斑纹，后翅膜质，脉翅黄褐色。

分　　布： 北京、河北、辽宁、内蒙古、山西、河南、山东、江苏、浙江、陕西、甘肃、青海；俄罗斯。

螳螂目

Mantodea

目　　名：螳螂目 Mantodea
科　　名：螳科 Mantidae
中文名称：广斧螳
别　　名：两点广腹螳螂、拒斧、刀螂
学　　名：*Hierodula petellifera* Serville

识别特征：虫体小而窄，前胸背板也较短而窄，长约 17.5 毫米；前足转节向后伸时，
　　　　　其位置一般均明显超过或稍超过前胸背板后缘，前翅前缘脉基部 1/3 处有
　　　　　明显的大黄色或白色斑。

分　　布：北京、河北、山东、河南、吉林、广东、广西、四川、台湾、福建、浙
　　　　　江、江苏、安徽、陕西、贵州、江西、湖南、上海、海南；日本、印度尼
　　　　　西亚、菲律宾、美洲。

目　　名：螳螂目 Mantodea

科　　名：螳科 Mantidae

中文名称：中华螳螂

学　　名：*Paratenodera sinensis* Saussure

识别特征：雌虫体长 74～90 毫米，前胸背板长 23.50～28.50 毫米，侧角宽 5～7 毫米。体暗褐色或绿色。前胸背板前半部中纵沟两侧排列有许多小颗粒，侧缘齿列明显，后半部中隆起线两侧小颗粒不明显，侧缘齿不显著。前胸背板后半部稍长于前足基节长度。前翅翅端较钝，后翅基部具明显大黑斑。雄虫体长 68～77 毫米，前胸背板长 21～23 毫米，侧角宽 4～4.80 毫米。

分　　布：北京、河北、山东、辽宁、广东、广西、四川、台湾、福建、浙江、江苏、安徽、河南、陕西、贵州、江西、湖北、上海。

目　　名：螳螂目 Mantodea

科　　名：螳科 Mantidae

中文名称：棕污斑螳

别　　名：小刀螂

学　　名：*Statilia maculata* Thunberg

识别特征：雌虫体长 46~65 毫米，雄虫体长 39~55 毫米。暗褐，灰褐或浅绿色。前胸背板细长，菱形，雌性长宽比 5.3：1；雄性长宽比 8.5：1。前翅窄长。前足基节和腿节内面中央各有一块大的黑色漆斑，腿节的漆斑嵌有白色的斑纹。

分　　布：北京、河北、山东、安徽、广东、福建、台湾。

直翅目

Orthoptera

目　　名：直翅目 Orthoptera
科　　名：网翅蝗科 Arcypteridae
中文名称：宽翅曲背蝗
学　　名：*Pararcyptera microptera meridiona-lis*（Ikonnikov）

识别特征：雌虫体长 35～39 毫米，雄虫体长 23～28 毫米。体黄褐色或褐色。头顶三角形，颜面向后倾斜。前胸背板宽平，侧隆线黄白色，中部向内弯曲。前翅黄褐色，有许多暗色小斑点。后足腿节上隆线光滑，外侧有 3 块暗色横斑，内侧有 3 块黑斑。

分　　布：北京、河北、天津、内蒙古、山西、黑龙江、吉林、辽宁、陕西、甘肃、青海；蒙古，俄罗斯。

目　　名：直翅目 Orthoptera
科　　名：斑腿蝗科 Catantopidae
中文名称：短星翅蝗
学　　名：*Calliptamus abbreviatus* Ikonn
识别特征：雄虫体长 14.3～20 毫米，雌虫体长 22.7～32 毫米，身体褐色至暗褐色。前翅短，仅达或几达后足股节的顶端、翅上有许多黑色小点；后翅黄褐色。头大，却短于前胸背板；触角短，仅为前胸背板的长度或稍超过；前胸背板有明显的中纵隆线及侧隆线，其间 3 条纵沟明显，仅后横沟割断中隆线。雄性腹部末节背板的后缘无尾片；雌性产卵瓣短粗，顶端钩形，外缘无细齿。

分　　布：北京、内蒙古地区、东北地区；朝鲜和前苏联地区。

目　　名：直翅目 Orthoptera
科　　名：斑腿蝗科 Catantopidae
中文名称：红褐斑腿蝗
学　　名：*Catantops pinguis* Stal

识别特征：雌虫体长 32~34 毫米，前翅长 26~27 毫米，雄虫体长 24~27 毫米，前翅长 19~22 毫米，红褐色至灰褐色。头短，长约前胸背板的 1/2，头顶短而平。中眼以上平，复眼长卵形，触角丝状。前胸背板前缘平直，后缘突出呈圆角形，侧片长略大于高，前胸腹板突圆柱形，顶端圆形。后足股节粗短，后足胫节无外端刺，跗节爪间中垫长，超过爪顶端。前翅狭长，超过后足股节顶端。

分　　布：北京、河北、陕西、河南、江苏、湖北、浙江、江西、湖南、台湾、广东、广西、四川、贵州、海南、西藏；日本、缅甸、斯里兰卡、印度、印度尼西亚。

斑腿蝗科
Catantopidae

棉蝗
Chondracris rosea De Geer

目　　名：直翅目 Orthoptera
科　　名：斑腿蝗科 Catantopidae
中文名称：棉蝗
别　　名：大青蝗、蹬倒山
学　　名：*Chondracris rosea* De Geer

识别特征：雄虫体长 45~51 毫米，雌虫体长 60~80 毫米，雄虫前翅长 12~13 毫米，雌虫前翅长 16~21 毫米，体黄绿色，后翅基处玫瑰色。头顶中部、前胸背板沿中隆线及前翅臀脉域生黄色纵条纹。后足股节内侧黄色，胫节、跗节红色。头大，较前胸背板长度略短。触角丝状，向后到达后足股节基部。前胸背板有粗瘤突。前胸背板前缘呈角状突出，后缘直角形突出。中后胸侧板生粗瘤突。前胸腹板突为长圆锥形。前翅发达，长达后足胫节中部，后翅与前翅近等长。后足胫节上侧的上隆线有细齿，但无外端刺。

分　　布：北京、内蒙古、河北、山东、陕西、江苏、浙江、湖北、湖南、江西、福建、台湾、广东、海南、广西、云南、安徽；日本、朝鲜、缅甸、斯里兰卡、印度、印度尼西亚、尼泊尔、越南。

目　　名：直翅目 Orthoptera
科　　名：斑翅蝗科 Oedipodidae
中文名称：花胫绿纹蝗
学　　名：*Aiolopus tamulus*（Fabricius）

识别特征：雌虫体长 20～29 毫米，雄虫体长 15～22 毫米。体黄褐至暗褐色，前胸背板背中央有黄褐色纵条纹，两侧有黑褐色条纹。体侧、后足腿节及前翅基部近前缘处常具绿色条纹。前翅狭长，有黑色大斑。后足腿节内侧有 2 个黑斑，顶端黑色；后足胫节端部红色。

分　　布：北京、河北、河南、辽宁、陕西、甘肃、宁夏、贵州、云南；南亚、东南亚至大洋洲。

斑翅蝗科
Oedipodidae

疣蝗
Trilophidia annulata Thunberg

目　　名：直翅目 Orthoptera
科　　名：斑翅蝗科 Oedipodidae
中文名称：疣蝗
学　　名：*Trilophidia annulata* Thunberg

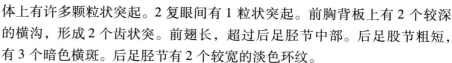

识别特征：雄虫体长 11.7～16.2 毫米，雌虫体长 15～26 毫米。体黄褐色或暗灰色，体上有许多颗粒状突起。2 复眼间有 1 粒状突起。前胸背板上有 2 个较深的横沟，形成 2 个齿状突。前翅长，超过后足胫节中部。后足股节粗短，有 3 个暗色横斑。后足胫节有 2 个较宽的淡色环纹。

分　　布：北京、河北、东北、内蒙古、河南、山东、江苏、安徽、浙江、福建、广东、广西、四川、云南、贵州、西藏、陕西、甘肃、宁夏；新加坡、日本、巴基斯坦、印度。

目　　名：直翅目 Orthoptera
科　　名：锥头蝗科 Pyrgomorphidae
中文名称：短额负蝗
别　　名：中华负蝗、尖头蚱蜢、小尖头蚱蜢
学　　名：*Atractomorpha sinensis* Bolvar

识别特征：体长 20～30 毫米，头至翅端长 30～48 毫米。绿色或褐色。头尖削，绿色，自复眼起向斜下有 1 条粉红纹，与前、中胸背板两侧下缘的粉红纹衔接。体表有浅黄色瘤状突起；后翅基部红色，端部淡绿色；前翅长度超过后足腿节端部约 1/3。

分　　布：华北、东北、西北、华中、华南、西南以及台湾地区。

目　　名：直翅目 Orthoptera
科　　名：蝼蛄科 Gryllotalpidae
中文名称：华北蝼蛄
别　　名：土狗、蝼蝈、啦啦蛄、单刺蝼蛄。
学　　名：*Gryllotalpa unispina* Saussure

识别特征：体形较瘦细；体长约 30 毫米，灰褐色。头小，圆锥形。复眼卵圆形，略向两侧突出。触角丝状，短于体长。前胸背板发达，呈卵圆形隆起，两侧明显下包。中央有凹陷明显的暗红色坑斑，长 4～5 毫米。后翅大且长，扇形，静止时纵卷成尾状，下外缘平直，不弯成 S 形。转节有 1 个较小的刺。胫节粗扁，末端加宽呈掌状，有 3～4 个短齿。跗节 3 节，第 1～2 节一侧有 2 个齿，适于掘土。胫节中部背侧内缘有 3～5 个大刺。腹部末端近纺锤形，雄虫有音锉，雌虫无。

分　　布：华北、东北、西北、华东。

目　　名：直翅目 Orthoptera
科　　名：蟋蟀科 Gryllidae
中文名称：油葫芦
别　　名：结缕黄、油壶鲁
学　　名：*Gryllus testaceus* Walker

识别特征： 体长 20~30 毫米，宽 6~8 毫米，触角褐色，长 20~30 毫米。体色有黑褐色、黄褐色等多种，浑身油光闪亮。头部黑色，呈圆球形，颜面黄褐色，从其头部背面看，两条触角呈"八"字形，触角窝四周黑色。前胸背板黑褐色，有左右对称的淡色斑纹，侧板下半部淡色。前翅背面褐色，有光泽，侧面黄色。尾须很长，能超过后足股节，色较浅。雌虫的产卵瓣平直，比后足股节长。

分　　布： 北京、河北、山东、山西、陕西、安徽、江苏、浙江、江西、福建、广东、广西、贵州、云南、西藏、海南。

目　　名：直翅目 Orthoptera
科　　名：螽斯科 Tettigoniidae
中文名称：邦内特姬螽
学　　名：*Metrioptera bonneti* Bolivar

识别特征： 体长 16~22 毫米，前胸背板长 5~6 毫米，前翅长 4~5 毫米，头顶宽圆，前胸背板背面平坦，沟后区具弱的中隆线。雄虫腹部末节背板后端开裂成 2 个尖形的叶，尾须较细长，内齿位于基部。下生殖板宽大。

分　　布： 北京、河北、河南、黑龙江、吉林、陕西、湖北、甘肃、四川；俄罗斯、日本。

目　　名：直翅目 Orthoptera

科　　名：蠡斯科 Tettigoniidae

中文名称：日本条蠡

学　　名：*Ducetia japonica*（Thunberg）

识别特征：体长 16～29 毫米，绿色，前翅后缘带褐色。头顶尖角形，狭于触角第 1 节。前翅狭长，向端部渐窄，近端部具有 4～6 条近于平行的翅脉。前足胫节背面具沟和距，各足腿节腹面均具刺。雄虫尾须细长，向内弯曲，端部 1/3 呈斧形扩大。

分　　布：北京、河南、江苏、上海、浙江、安徽、福建、台湾、湖南、广东、广西、海南、贵州、云南、西藏；日本、朝鲜、俄罗斯、印度、斯里兰卡、澳大利亚、东南亚。

半翅目
Hemiptera

目　　名：半翅目 Hemiptera
科　　名：蝉科 Cicadidae
中文名称：斑头蝉
别　　名：呜呜蝉、蛁蟟、雷鸣蝉
学　　名：*Oncotympana maculaticollis* Motschulsky

识别特征：体长 35 毫米左右，翅展 110～120 毫米，体粗壮，暗绿色。有黑斑纹，局部具白蜡粉，复眼大暗褐色，头部 3 个单眼红色，呈三角形排列，前胸背板近梯形，后侧角扩张成叶状，宽于头部，背板上横列 5 个长形瘤状突起。翅透明，翅脉黄褐色。卵梭形，长 1.8 毫米左右，宽约 0.3 毫米，乳白色渐变黄，头端比尾端略尖。若虫体长 3 毫米左右，黄褐色，有翅芽，形似成虫，额显著膨大，触角和喙发达。

分　　布：华北、东北、华中、华东；日本、朝鲜。

目　　名：半翅目 Hemiptera
科　　名：蝉科 Cicadidae
中文名称：褐斑蝉
别　　名：蟪蛄
学　　名：*Platypleura kaempferi*（Fabricius）

识别特征：成虫体长 20～25 毫米，翅展 65～75 毫米，头胸部暗绿色至暗黄褐色，具黑色斑纹。腹部黑色，每节后缘暗绿或暗褐色。复眼大，头部 3 个单眼红色，呈三角形排列。触角刚毛状，前胸宽于头部，近前缘两侧突出，翅透明暗褐色，前翅有不同浓淡暗褐色云状斑纹，斑纹不透明，后翅黄褐色。雄虫腹部有发音器，雌虫无发音器，产卵器明显。

分　　布：华北、华中、华东、辽宁、广东、四川、陕西；日本、朝鲜、俄罗斯、马来西亚。

目　　名：半翅目 Hemiptera

科　　名：角蝉科 Membracidae

中文名称：苹果红脊角蝉

学　　名：*Machaerotypus mali* Chou et Yuan

识别特征：成虫体长 6~8 毫米，体黑色，复眼。上肩角与后突起橘红色。前胸背板处具红色斑，斑整体呈 Y 形。头近方形，宽大于高，被黄色细绒毛。前胸背板黑色。前翅及翅脉黑色，后翅灰白色。

分　　布：北京、陕西。

沫蝉科
Cercopidae

柳沫蝉
Aphrophora intermedia Uhier

目　　名：半翅目 Hemiptera

科　　名：沫蝉科 Cercopidae

中文名称：柳沫蝉

别　　名：吹泡虫、泡泡虫、唾沫虫

学　　名：*Aphrophora intermedia* Uhier

识别特征：成虫体长 7.6~10 毫米，体宽 2.7~3.2 毫米。全体黄褐色。头顶呈倒"V"字形。复眼椭圆形，黑褐色；单眼淡红色。前胸背板两侧有赤褐色斑。前翅革质，黄褐色。

分　　布：北京、河北、山西、黑龙江、宁夏、青海、甘肃、陕西。

目　　名：半翅目 Hemiptera

科　　名：叶蝉科 Cicadellidae

中文名称：大青叶蝉

学　　名：*Cicadella viridis* Linnaeus

识别特征： 雌虫体长 9.4~10.1 毫米，头宽 2.4~2.7 毫米；雄虫体长 7.2~8.3 毫米，头宽 2.3~2.5 毫米。头部正面淡褐色，两颊微青，在颊区近唇基缝处左右各有一小黑斑；触角窝上方、两单眼之间有 1 对黑斑。复眼绿色。前胸背板淡黄绿色，后半部深青绿色。小盾片淡黄绿色，中间横刻痕较短，不伸达边缘。前翅绿色带有青蓝色泽，前缘淡白，端部透明，翅脉为青黄色，具有狭窄的淡黑色边缘。后翅烟黑色，半透明。腹部背面蓝黑色，两侧及末节淡为橙黄带有烟黑色，胸、腹部腹面及足为橙黄色，附爪及后足腔节内侧细条纹、刺列的每一刻基部为黑色。

分　　布： 北京、内蒙古、河北、黑龙江、吉林、辽宁、河南、山东、江苏、浙江、安徽、江西、台湾、福建、湖北、湖南、广东、海南、贵州、四川、陕西、甘肃、宁夏、青海、新疆；俄罗斯、日本、朝鲜、马来西亚、印度、加拿大、欧洲等地。

目　　名：半翅目 Hemiptera

科　　名：叶蝉科 Cicadellidae

中文名称：菱纹叶蝉

学　　名：*Hishimonus sellatus* Uhler

识别特征： 成虫雌虫体长 3.0~3.3 毫米，至翅端长 3.7~4.2 毫米；雄虫体长 2.6~3.0 毫米，至翅端长 3.8~4.0 毫米。体淡黄绿色。头部与前胸背板等宽，中央略向前突出，前缘宽圆，在头冠区近前缘处有一浅横槽；头部与前胸背板均为淡黄带微绿，头冠前缘有 1 对横纹，后缘具 2 个斑点，横槽后缘又有 2 条横纹。小盾板淡黄色，中线及每侧 1 条斑纹为暗褐色，在有些个体中整个小盾板色泽近于一致。前翅淡白色。

分　　布： 北京、河北、辽宁、山西、陕西、山东、河南、江苏、安徽、浙江、江西、湖北、福建、四川、广东等地；朝鲜、日本、前苏联地区。

叶蝉科
Cicadellidae

目　　名：半翅目 Hemiptera
科　　名：叶蝉科 Cicadellidae
中文名称：窗耳叶蝉
学　　名：*Ledra auditura* Walker

识别特征：成虫体长 15～18 毫米，体深灰褐色，足灰粉色。头扁平，前伸突出物呈钝圆形。前胸背板暗褐色，两侧隆突直立向上，具有耳状突出构造。前翅半透明，散布许多刻点和小褐点。

分　　布：华北、东北、华东、广东。

叶蝉科
Cicadellidae

目　　名：半翅目 Hemiptera
科　　名：叶蝉科 Cicadellidae
中文名称：黑叶蝉
学　　名：*Macrosteles fuscinervis* Mat-
　　　　　sumura

识别特征：体长 6.6 毫米，体形狭长，头部背面橙红色具蓝色斑点，单眼 2 枚褐色，前胸背板蓝色，近基部前缘橙红色，小盾片蓝色中央有 1 枚椭圆形橙斑，内有凝眼状的图腾，尖端部黄色，翅膀蓝色侧缘具黄绿色纵纹。

分　　布：北京、东北、山东、河南、安徽、江苏、浙江、湖北、江西、湖南、福建、台湾、广东、广西、四川、云南、青海。

目　　名： 半翅目 Hemiptera

科　　名： 蜡蝉科 Fulgoridae

中文名称： 斑衣蜡蝉

别　　名： 椿皮蜡蝉、斑蜡蝉、椿蹦、花蹦蹦、樗鸡

学　　名： *Lycorma delicatula* White

识别特征： 体长 14～25 毫米，翅展 40～52 毫米。灰褐色，被白色蜡粉。头部小，触角位于复眼下方，梗节膨大呈卵圆形，橙黄色，鞭节细小，刚毛状。前翅基部 2/3 淡红褐色，其上散布约 20 个黑斑，端部 1/3 黑褐色，后翅基半部红色，布 6～7 个黑斑，端部及脉纹黑色。

分　　布： 北京、河北、山东、江苏、浙江、河南、山西、陕西、广东、台湾、湖北、湖南、重庆、四川。

寄　　主： 臭椿、香椿、苦楝、刺槐、楸、榆、桐、悬铃木、栎、女贞、合欢、杨、珍珠梅、海棠。

目　　名：半翅目 Hemiptera
科　　名：象蜡蝉科 Dictyopharidae
中文名称：伯瑞象蜡蝉
学　　名：*Dictyophara patruelis* Stal

识别特征： 体长 8.0～11.0 毫米，翅展 18.0～22.0 毫米。体绿色，死后多少变黄色。头前伸成头突，长约等于头胸长度之和。头突背面和腹面各有 3 条绿色纵脊线和 4 条橙色条纹。翅透明，脉纹淡黄色或浓绿色，端部脉纹和翅痣褐色。胸部腹面黄绿色，侧面有橙色条纹。腹部腹面淡绿色，各节中央黑色。足黄绿色，有暗黄色和黑褐色纵条纹；后足胫节侧刺 5 个。

分　　布： 北京、河北、山东、东北、陕西、江苏、浙江、湖北、江西、福建、台湾、广东、海南、云南。

丽木虱科
Calophyidae

黄栌丽木虱
Calophya rhois（Löw）

目　　名：半翅目 Hemiptera
科　　名：丽木虱科 Calophyidae
中文名称：黄栌丽木虱
学　　名：*Calophya rhois*（Löw）

识别特征： 体长 1.8～2.0 毫米。触角黄褐色，第 7～10 节黑色。头顶和胸部暗红褐色，两侧稍淡，腹部鲜黄色，背面有褐色斑。

分　　布： 北京、河北、山西、山东、安徽、湖南、湖北、重庆、陕西、甘肃、宁夏；欧洲。

寄　　主： 黄栌、盐肤木。

目　　名：半翅目 Hemiptera
科　　名：木虱科 Psilidae
中文名称：桑异脉木虱
学　　名：*Anomoneura mori* Schwarz

识别特征：成虫体长 4.2~4.7 毫米，翅展 8~9 毫米。黄色至黄绿色。头绿色，肢褐色，中缝两侧橘黄色；触角 10 节，褐色，第 4~8 节端部和第 9~10 节黑色。前胸两侧褐色，中胸前盾片前缘有 1 对褐色斑；前翅半透明，有咖啡色斑纹；后足胫节有端距 5 个。腹部黄褐色至绿褐色。若虫浅绿色，尾部有白色长蜡丝。

分　　布：北京、辽宁、华北、华中、华东、陕西、四川、贵州；日本、朝鲜半岛，俄罗斯远东。

寄　　主：桑。寄生在叶片反面。

蚜科
Aphididae

柳蚜
Aphis farinosa Gmelin

目　　名：半翅目 Hemiptera
科　　名：蚜科 Aphididae
中文名称：柳蚜
学　　名：*Aphis farinosa* Gmelin

识别特征：无翅蚜体长约 2.1 毫米，蓝绿色、绿色或黄绿色，腹管白色，顶端黑色。有翅蚜体长约 1.9 毫米，头和胸部墨绿色，腹部黄绿色，腹管灰黑色至黑色。

分　　布：华北、华东、辽宁、河南、甘肃、新疆。

寄　　主：柳。群集于嫩梢和嫩叶背面。

目　　名：半翅目 Hemiptera

科　　名：蚜科 Aphididae

中文名称：刺槐蚜

学　　名：*Aphis robiniae* Macchiati

识别特征：无翅蚜卵圆形，体长约2.3毫米，宽1.4毫米。漆黑或黑褐色。头部、胸部及腹部第1~6节背面有六角形网纹，第7~8腹节有横纹。腹管圆筒形，基部粗大，有瓦状纹。有翅蚜长卵圆形，体长约2.0毫米，黑或黑褐色，腹部颜色稍淡，有黑色横斑纹。

分　　布：华北、东北、西北、华中；欧洲、非洲北部。

寄　　主：刺槐、紫穗槐等。

目　　名：半翅目 Hemiptera
科　　名：蚜科 Aphididae
中文名称：杨白毛蚜
学　　名：*Chaitophorus　populialbae*
　　　　　（Boyer de Fonscolombe）

识别特征：无翅蚜卵圆形，体长约2.0毫米，淡绿色，胸部背面有2个、腹部背面有5个绿色斑纹；体密生刚毛。有翅蚜体长约1.9毫米，浅绿色，头部黑色，复眼赤褐色，中后胸黑色；腹部深绿色，背面有黑色横斑。

分　　布：全国分布。

寄　　主：毛白杨、北京杨、箭杆杨、河北杨等。

蚜科
Aphididae

桃粉大尾蚜
Hyalopterus amygdali（Blanchard）

目　　名：半翅目 Hemiptera
科　　名：蚜科 Aphididae
中文名称：桃粉大尾蚜
学　　名：*Hyalopterus amygdali*
　　　　　（Blanchard）

识别特征：无翅蚜长椭圆形，体长约2.3毫米，绿色，体表被有白粉。触角6节。腹管圆筒形，端部1/2灰黑色。有翅蚜长卵形，长约2.2毫米，头和胸部黑色，腹部绿色，体上亦被有一层薄蜡粉。

分　　布：全国各地。

寄　　主：山桃、碧桃、梅、李等。群集于新梢和叶背。

目　　名：半翅目 Hemipera
科　　名：蚜科 Aphididae
中文名称：栾多态毛蚜
学　　名：*Periphyllus koelreuteriae*（Takahashi）

识别特征：无翅蚜长卵圆形，体长为3毫米左右，黄褐色或黄绿色，背面有深褐色品字形大斑；头前部有黑斑，胸腹部各节有大缘斑，中斑明显较大，第8节融合为横带。触角、足、腹管和尾片黑色。有翅孤雌蚜体长为3毫米，翅展6毫米左右，头和胸部黑色，腹部黄色，体背有明显的黑色横带。

分　　布：华北、华中、华东、辽宁、陕西。

寄　　主：栾树。

绵蚜科
Erisomatidae

秋四脉绵蚜
Tetraneura nigriabdominalis（Sasaki）

目　　名：半翅目 Hemiptera
科　　名：绵蚜科 Erisomatidae
中文名称：秋四脉绵蚜
学　　名：*Tetraneura nigriabdominalis*（Sasaki）

识别特征：为害榆树时在叶片的正面形成袋状直立的虫瘿。

分　　布：北京、河南、内蒙古、宁夏、甘肃、陕西、山西、辽宁等；日本、朝鲜、美国、欧洲地区。

寄　　主：白榆、榔榆、高粱、玉米等。

目　　名：半翅目 Hemiptera
科　　名：旌蚧科 Ortheziidae
中文名称：艾旌蚧
学　　名：*Orthezia yasushii* Kuwana

识别特征：雌成虫卵圆形，约 2.6 毫米长，2.1 毫米宽。触角 8 节。被有 4 纵列成行蜡片，这些蜡片被背中线隔开。产卵雌成虫 5～10 毫米长，卵囊长于虫体，且有明显的棱纹。

分　　布：北京、山西、台湾；日本。

寄　　主：茵陈蒿等。

目　　名： 半翅目 Hemiptera

科　　名： 绵蚧科 Monophlebidae

中文名称： 草履蚧

别　　名： 日本履绵蚧

学　　名： *Drosicha corpulenta*（Kuwana，1902）

识别特征： 雌成虫无翅，扁平椭圆形，背面略突，有褶皱，似草鞋状。体长 7～10 毫米，宽 4～6 毫米。背面暗褐色，背中线淡褐色，周缘和腹面橘黄至淡黄色，触角、口器和足均黑色。体被白色薄蜡粉，分节明显。触角 8 节，丝状。足 3 对。

雄成虫紫红色，体长 5～6 毫米，翅展约 10 毫米。头、胸淡黑色到深红褐色。复眼 1 对，突出，黑色。触角 10 节，黑色，丝状，除第 1 和第 2 节外，其余各节各有 2 处缢缩，非缢缩处生有 1 圈刚毛。前翅紫蓝色，前缘脉深红色，其余脉白色。后翅为平衡棒，顶端具钩状毛 2～9 根。腹末有尾瘤 2 对，呈树根状突起。

分　　布： 华北、东北、华中、华东和西北东部；日本、朝鲜、俄罗斯远东地区。

寄　　主： 杨、柳、刺槐、月季、柿、核桃、梨、桃、苹果等。

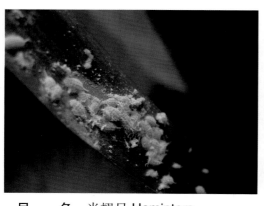

目　　名：半翅目 Hemiptera

科　　名：粉蚧科 Pseudococcidae

中文名称：康氏粉蚧

学　　名：*Pseudococcus comstocki*（Kuwana）

识别特征：雌成虫体粉红色至红色，椭圆形，长 3～5 毫米。体表覆盖一层白色蜡粉，周缘有 17 对白色蜡丝。蜡丝细直，基部稍粗，端部略尖。末对蜡丝最长，为体长的 1/3～1/2；末前对蜡丝次长，约为体宽的 1/2，其他蜡丝长约为体宽的 1/4。触角丝状，8 节。足 3 对。尾瓣发达。

分　　布：国内广布；日本、朝鲜、美国、意大利、加拿大。

寄　　主：梨、苹果、桃、桑、国槐、刺槐等多种植物。

目　　名：半翅目 Hemiptera

科　　名：毡蚧科 Eriococcidae

中文名称：石榴囊毡蚧

别　　名：紫薇毡蚧、紫薇绒蚧

学　　名：*Eriococcus lagerostromiae* Kuwana

识别特征：雌成虫体椭圆形或长椭圆形，前端钝圆，末端稍尖，且分成两瓣。长约 3 毫米。紫红色。体表被有白色薄蜡粉，还有少量白蜡丝。触角 7 节。背面遍生圆锥状刺。产卵前分泌白色蜡丝，形成毛毡状卵囊。

分　　布：华北、华东、华中、华南、西南；日本、朝鲜。

寄　　主：紫薇、石榴、叶底珠等。

目　　名：半翅目 Hemiptera

科　　名：毡蚧科 Eriococcidae

中文名称：樱桃隙毡蚧

学　　名：*Kuwanina parva*（Maskell）

识别特征：雌成虫体暗红色，近球形，直径 1 毫米左右，外被白色蜡质分泌物。触角退化为圆柱状突起，仅 1 节，顶端有 3 根短粗毛。足全缺。寄生在树干树皮缝隙中。

分　　布：北京、安徽；日本、韩国、英国。

寄　　主：樱桃、山桃、李。

毡蚧科
Eriococcidae

榆大盘毡蚧

Macroporicoccus ulmi(Tang & Hao)

目　　名：半翅目 Hemiptera

科　　名：毡蚧科 Eriococcidae

中文名称：榆大盘毡蚧

别　　名：榆树隐毡蚧

学　　名：*Macroporicoccus ulmi*（Tang & Hao）

异　　名：*Cryptococcus ulmi* Tang & Hao

识别特征：雌成虫体近球形，直径约1毫米，橘红色，老熟时体背硬化。触角短小，6节。足退化为疣突。产卵时分泌白色蜡丝形成致密卵囊包裹虫体。寄生在树干树皮缝隙内。

分　　布：北京、天津、河北、山西。

寄　　主：榆树。

蚧科
Coccidae

朝鲜毛球蚧

Didesmococcus koreanus Borchsenius

目　　名：半翅目 Hemiptera

科　　名：蚧科 Coccidae

中文名称：朝鲜毛球蚧

别　　名：杏毛球蚧

学　　名：*Didesmococcus koreanus* Borch-senius

识别特征：雌成虫近球形，后面垂直，前面和侧面下部凹入。初孕卵时体壁较软，黄褐色；产卵后死体高度硬化，黑褐色，背面有两纵列大凹点，体常覆盖透明的薄蜡片，长3.5~4.5毫米，宽3.2~3.8毫米，高3.0~3.5毫米。触角6节，第3节最长。足小，正常分节。

分　　布：我国北部；朝鲜。

寄　　主：杏、李、桃、樱桃。

目　　名：半翅目 Hemiptera

科　　名：蚧科 Coccidae

中文名称：水木坚蚧

别　　名：糖槭蚧、东方盔蚧、东方胎球蚧

学　　名：*Parthenolecanium corni*（Bouchè）

识别特征： 雌成虫体短椭圆形，背部隆起呈半球形，长 4 ~ 6 毫米，宽 3.5 ~ 5 毫米，死体红褐色，背面有光亮皱脊，中部有突脊，其两侧有成列的大凹点，再侧又有多数凹点，并越向边缘越小。介壳坚硬，呈龟甲状。触角常 7 节。足存在，但不发达。

分　　布： 我国中部和北部；朝鲜、欧洲及北非地区。

寄　　主： 白蜡、刺槐、紫穗槐、柳、榆等。

目　　名：半翅目 Hemiptera

科　　名：蚧科 Coccidae

中文名称：桦树棉蚧

学　　名：*Pulvinaria betulae*（L.）

识别特征： 雌成虫卵圆形，长约 7 毫米，宽约 5 毫米。扁平。活体灰褐色，有网斑；死体暗褐色，有许多灰色小瘤，以沿背中线为多。触角 7 ~ 9 节。足 3 对，细长。两块肛板合起来近方形。产卵期向虫体后下方分泌白色棉絮状卵囊。卵囊近椭圆形，长约 8 毫米，宽约 6 毫米，高突，背中有一条纵沟，两侧有多条细直沟纹。

分　　布： 华北、东北、西北；日本、中亚、欧洲、北美地区。

寄　　主： 杨、柳、桦树、山楂等。多在枝干上。

目　　名：半翅目 Hemiptera

科　　名：蚧科 Coccidae

中文名称：朝鲜褐球蚧

别　　名：沙里院褐球蚧

学　　名：*Rhodococcus sariuoni* Borchsenius

识别特征：雌成虫红色至赤褐色，产卵前虫体卵圆形，背面突起，从前向后倾斜，体后半部有4纵列黑色凹点。产卵后死虫体褐色或亮褐色，球形，长4.5～7.0毫米，宽4.2～4.8毫米，高3.5～5.0毫米。体前半部向前和两侧略突出，而体后半部则略平斜，其上留有4纵列黑凹点。触角6节。足3对，不太发达。

分　　布：华北、东北及西北东部地区；朝鲜。

寄　　主：苹果、海棠、桃、杏等。

目　　名：半翅目 Hemiptera

科　　名：头蚧科 Beesoniidae

中文名称：青冈头蚧

别　　名：白毛头蚧

学　　名：*Beesonia napiformis*（Kuwana）

异　　名：*Beesonia quercicola* Ferris；*B. albohirta* Hu et Li

识别特征：雌成虫潜在末龄若虫蜕皮内。虫体梨形，长1.0～1.5毫米。前端圆形，后端细，稍突出。全身膜质。触角和足消失。头部组成身体的大部分。胸气门2对，位于身体近末端。腹部极度退化，无腹气门。末龄若虫蜕皮硬化，红褐色。群居于枝条分叉处及枝、干皮缝处，虫体前大部隐藏在寄主组织内，只有末端伸出。自肛门分泌白色蜡管，蜡管常很长，为体长的4～5倍。寄生部位的植物皮层组织膨大粗糙，似疮痂状结节。蜡管是野外识别该种的重要特征之一。

分　　布：北京、山东、江苏、广东、云南；日本、韩国、尼泊尔。

寄　　主：栓皮栎、麻栎等壳斗科植物。

目　　名：半翅目 Hemiptera
科　　名：红蚧科 Kermesidae
中文名称：壳点红蚧
别　　名：黑绛蚧
学　　名：*Kermes miyasakii* Kuwana

识别特征：雌成虫球形，直径 3.0 ~ 5.5 毫米，体背硬化，褐色至黑色，有亮光。背面
　　　　　中央的乳突上有浅色的末龄若虫蜕皮。浅色个体可见几条深色横纹或由黑
　　　　　点组成的横纹，臀部有明显的白色蜡粉。触角退化，5 ~ 6 节。足短小。

分　　布：北京、山东、辽宁、黑龙江、广东；日本、韩国。

寄　　主：栓皮栎、麻栎。寄生在枝条上。

红蚧科
Kemesidae

双黑红蚧
Kermes nakagawae Kuwana

目　　名：半翅目 Hemiptera
科　　名：红蚧科 Kemesidae
中文名称：双黑红蚧
别　　名：双黑绛蚧
学　　名：*Kermes nakagawae* Kuwana

识别特征：雌成虫体肾脏形，有背中沟，宽大于长，体长 2.8 ~ 5.0 毫米，宽 4.0 ~
　　　　　7.0 毫米，高 2.6 ~ 5.0 毫米。有的个体体后部保留 2 块圆形若虫蜕皮。初
　　　　　期体色嫩绿至黄绿色，有黑色斑点；后期体壁硬化，颜色加深至黑褐色，
　　　　　有不明显的 5 条黑色横纹。触角和足退化。

分　　布：北京、吉林、辽宁、山东、山西、湖南、贵州、云南；日本、韩国。

寄　　主：麻栎、白栎、板栗等。

目　　名：半翅目 Hemiptera

科　　名：红蚧科 Kermesidae

中文名称：日本巢红蚧

学　　名：*Nidularia japonica* Kuwana

识别特征：雌成虫体卵圆形，长 3～4 毫米，灰褐色。背面隆起，硬化，每个体节上有四五个瘤状突起，呈龟甲状，被有白色断碎的蜡。触角短小，足退化。孕卵后，体下分泌白色蜡质形成卵囊，呈鸟巢状。

分　　布：北京、河北、山东、辽宁、四川、江苏、浙江、湖南、贵州；日本。

寄　　主：槲栎、短柄枹栎、白栎。

盾蚧科

Diaspididae

桑白盾蚧

Pseudaulacaspis pentagona（Targioni – Tozzetti）

目　　名：半翅目 Hemiptera

科　　名：盾蚧科 Diaspididae

中文名称：桑白盾蚧

学　　名：*Pseudaulacaspis pentagona*（Targio-ni – Tozzetti）

识别特征：雌成虫介壳圆形或椭圆形，直径 2.0～2.5 毫米，突起，白色、黄白色或灰白色。壳点 2 个，偏于一边，但不突出于介壳之外；第 1 壳点淡黄色，第 2 壳点红棕色或橘黄色。腹介壳很薄，白色，常残留在寄主植物上。雄介壳细长，长 1 毫米左右，雪白色，融蜡状，背面略显 3 条纵脊，壳点 1 个，黄色，位于头端。雌成虫在介壳下，体近陀螺形，长约 1 毫米，前大部淡黄色至橘红色，后端常红褐色。触角退化为 1 节，且两触角靠近。足缺。

分　　布：全国各地；世界广布。

寄　　主：桃、桑、槐、李、梅、核桃等多种植物。

目　　名：半翅目 Hemiptera

科　　名：瘤蝽科 Phymatidae

中文名称：中国螳瘤蝽

学　　名：*Cnizocoris sinensis* Kormilev

识别特征：雄虫长约 9 毫米，棕褐色，前足为捕捉足，复眼及单眼红色，腹部几乎不宽于前胸背板；侧接缘各节色彩不相似，其中部具深色横宽带纹。触角短粗，棒状，雌雄差异明显，雌虫腹部卵圆形，雄虫腹部窄椭圆形。

分　　布：北京、内蒙古、河北、山西。

目　　名：半翅目 Hemiptera

科　　名：猎蝽科 Reduviidae

中文名称：二色赤猎蝽

学　　名：*Haematoloecha nigrorufa* Stal

识别特征：体长 12～14 毫米。体色红色；触角黑色，具长毛；前胸背板中央具十字形沟纹，后段两侧另有纵沟纹；上翅革质部红色，但小盾片周围黑色，膜质部黑色；小盾片黑色，隆起部红色；腹部呈红黑相间横带。

分　　布：北京、浙江、四川、福建、江西、贵州；日本。

猎蝽科
Reduviidae

环斑猛猎蝽
Sphedanolestes impressicollis Stal

目　　名：半翅目 Hemiptera

科　　名：猎蝽科 Reduviidae

中文名称：环斑猛猎蝽

学　　名：*Sphedanolestes impressicollis* Stal

识别特征：体长 16 ~ 18 毫米。体黑色光亮，具黄色或暗黄花斑，体被淡色毛。头的腹面、两单眼的后方斑、喙第 1、2 两节、各足股节具 2 ~ 3 个和胫节 2 个淡色环斑，腹部腹面（除不规则的深色斑点外）及侧接缘的端半部均为黄色或淡黄褐色。

分　　布：北京、山东、江苏、浙江、湖北、江西、福建、湖南、陕西、广东、广西、四川、贵州、云南；印度、日本等。

网蝽科
Tingidae

梨冠网蝽
Stephanitis nashi Esaki et Takeya

目　　名：半翅目 Hemiptera

科　　名：网蝽科 Tingidae

中文名称：梨冠网蝽

别　　名：军配虫、梨花网蝽、花编虫、小臭大姐

学　　名：*Stephanitis nashi* Esaki et Takeya

识别特征：体长 3 ~ 3.5 毫米，扁平，暗褐色。头小、复眼暗黑，触角丝状，翅上布满网状纹；前胸背板向后延伸成三角形，盖住中胸，两侧向外突出呈翼片状，褐色细网纹。前翅略呈长方形，具黑褐色斑纹，静止时两翅叠起，黑褐色斑纹呈"X"状。虫体胸腹面黑褐色，有白粉。腹部金黄色，有黑色斑纹。足为黄褐色。

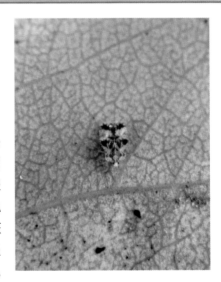

分　　布：华北、东北、华中、华东、西北地区。

目　　名：半翅目 Hemiptera

科　　名：网蝽科 Tingidae

中文名称：膜肩网蝽

学　　名：*Hegesidemus habrus* Darke

识别特征：体长 2.97 ~ 3.05 毫米；头红褐色，光滑，短而圆鼓；头刺黄白色，棒状 2 长 1 短；触角浅黄褐色，被短毛，第 4 节端部黑褐色；头兜屋脊状，末端有 2 个黑褐色斑，3 条纵脊灰黄色，两侧脊端与中纵脊平行；侧背板狭窄，脊状，具有 1 列小室；前翅长椭圆形，长过腹末端，浅黄白色，有许多透明小室，具深褐色"X"形斑；后翅白色，腹部腹面黑褐色，足黄褐色。

分　　布：北京、山西、河北、山东、河南、陕西、四川、江苏、安徽、湖北、江西、广东。

目　　名：半翅目 Hemiptera

科　　名：长蝽科 Lygaeidae

中文名称：横带红长蝽

学　　名：*Lygaeus equestris* Linnaeus

识别特征：成虫体长 12.5～14 毫米，朱红色。头三角形，前端、后缘、下方及复眼内侧黑色。复眼半球形，褐色，单眼红褐。触角 4 节，黑色。喙黑，伸过中足基节。前胸背板梯形，朱红色，前缘黑，后缘常有 1 条双驼峰形黑纹。小盾片三角形，黑色，两侧稍凹。前翅革片朱红色，革片近中部有 1 条不规则的黑横带，膜片黑褐色，基部具不规则的白色横纹，中央有 1 个圆形白斑。足及胸部下方黑色，跗节 3 节，爪黑色。腹部背面朱红，下方各节前缘有 2 个黑斑。

分　　布：北京、河北、山西、内蒙古、黑龙江、吉林、辽宁、陕西、宁夏。

目　　名：半翅目 Hemiptera

科　　名：缘蝽科 Coreidae

中文名称：稻棘缘蝽

学　　名：*Cletus punctiger* Dallas

识别特征：体长 9～12 毫米，宽 2.8～3.5 毫米，体黄褐色，狭长，密被黑褐色刻点。头顶中央具短纵沟，触角第 1 节较粗，长于第 3 节。前胸背板侧角细长，略向上翘，末端黑。前翅革片与膜片连接处具一浅色斑。

分　　布：北京、辽宁、山东、山西、陕西、浙江、江苏、河南、安徽、江西、福建、湖南、湖北、广东、云南、贵州、西藏；印度。

目　　名：半翅目 Hemiptera

科　　名：缘蝽科 Coreidae

中文名称：东方原缘蝽

学　　名：*Coreus marginatus orientalis*
　　　　　Kiritshenko

识别特征： 体长 12～16 毫米，宽 6～7 毫米。棕褐色，密被黑刻点。头小，中叶长于侧叶，窄于侧叶，触角 4 节，第 1 节粗，具黑刻点，第 2 节最长。前胸背板近后缘呈屋脊状隆起，侧缘略凹，侧角突出。小盾片小，基部略凹。前翅膜片棕褐色，透明。腹部侧接缘扩展，两侧突出，各节中央色浅。

分　　布： 北京、河北、内蒙古、辽宁、吉林、安徽、甘肃、四川、云南；日本、朝鲜。

缘蟓科
Coreidae

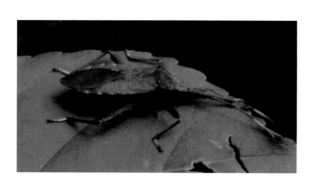

目　　名：半翅目 Hemiptera
科　　名：缘蟓科 Coreidae
中文名称：波原缘蟓
学　　名：*Coreus potanini* Jakovlev

识别特征： 体长 12 ~ 13.5 毫米，黄褐色，背板均具细密刻点。头小，触角基内侧各具一棘，两者相对向前伸，触角基部 3 节三棱形，第 4 节长纺锤形，第 2 节最长，第 4 节最短。前胸背板侧角近于直角。喙达中足基节。前翅达腹部末端，膜质部淡褐色透明。

分　　布： 北京、河北、山西、湖南、甘肃、陕西、四川。

缘蟓科
Coreidae

目　　名：半翅目 Hemiptera
科　　名：缘蟓科 Coreidae
中文名称：广腹同缘蟓
学　　名：*Homoeocerus dilatatus* Horvath

识别特征： 成虫体长 13.5 ~ 14.5 毫米，褐色至黄褐色，体密布黑色小刻点。触角 4 节，前 3 节与体同色，三棱形，第 2、第 3 节显著扁平，第 4 节色偏黄，纺锤形。前胸背板前角向前突出，侧角稍大于 90 度。前翅不达腹部末端，革质部中内有一小黑点。腹部两侧较扩展露出翅外。

分　　布： 北京、辽宁、吉林、河南、浙江、江西、四川、湖北、贵州、广东。

缘蟓科
Coreidae

目　　名：半翅目 Hemiptera

科　　名：缘蟓科 Coreidae

中文名称：波赫缘蟓

学　　名：*Ochrochira potanini* Kiritsh-enko

识别特征：成虫体长 20～23 毫米，黑褐色，被白色短毛，触角第 4 节棕黄色。触角第 1 节稍短于第 4 节，第 2、3 两节约等长，前胸背板侧缘向内呈弧状弯曲，锯齿很小，呈瘤状，侧角圆形，向上翘折，后足胫节背面向端部逐渐扩展。

分　　布：北京、河北、湖北、四川、云南、西藏。

缘蟓科
Coreidae

目　　名：半翅目 Hemiptera

科　　名：缘蟓科 Coreidae

中文名称：二色普缘蟓

学　　名：*Plinachtus bicoloripes* Scott

识别特征：体长 14～18 毫米，体背面茶褐色至黑褐色，腹面鲜黄色。前胸背板侧角刺状，略向侧前方伸出，并向上翘起或侧角平直，不突出。足黑色，腿节中部白色。侧接缘黑黄相间。

分　　布：北京、河北、辽宁、陕西、湖北、江西、广东、广西、四川、贵州、云南、甘肃、台湾；日本、朝鲜。

目　　名：半翅目 Hemiptera

科　　名：缘蝽科 Coreidae

中文名称：点蜂缘蝽

学　　名：*Riptortus pedestris* Fabricius

识别特征：体长 14 ~ 17 毫米，宽 3 ~ 5 毫米。狭长，褐色至黑褐色，被白色绒毛。头在复眼前呈三角形，后部细缩如颈，触角前 3 节端部略膨大。体侧中部略凹，头部与胸部两侧具光滑的点状黄斑。前胸背板前叶向前倾斜。前翅膜片棕褐色。足与体同色，后足腿节粗大，内侧具 4 个刺及几个小齿。侧接缘稍外露，黑黄相间。

分　　布：北京、河北、辽宁、河南、江西、广西、四川、贵州、云南；印度、缅甸、马来西亚、斯里兰卡。

目　　名：半翅目 Hemiptera
科　　名：异蝽科 Urostylidae
中文名称：红足壮异蝽
别　　名：四点尾蝽
学　　名：*Urochela quadrinotata* Reuter

识别特征：体长 15 ~ 16 毫米，宽 6 ~ 7 毫米。体背扁平，赭色略带红色，头胸部及身体腹面土黄色或浅赭色。身体背面除头部外均有黑色刻点。头部小触角长，黑色，5 节。头及触角基后方的中央有横皱纹，前胸背板胝部有 2 枚黑色斜行线斑。侧接缘上有长方形黑色和土黄色相间的斑。小盾片细长。翅革质部很发达，上面有 2 个黑色斑，膜质部为淡褐色，半透明。足暗红褐，基节黄色。腹部赭色。气门黑色。

分　布：北京、河北、山西、辽宁、黑龙江、陕西；朝鲜、日本。

寄　主：榆、梨。

目　　名：半翅目 Hemiptera

科　　名：同蝽科 Acanthosomatidae

中文名称：副锥同蝽

学　　名：*Sastragala edessoides* Distant

识别特征：成虫体长 14.8～15.9 毫米，长椭圆形。褐绿色。头褐黄色，中叶光滑，侧叶具黑色刻点；触角第 1、2 节和第 3 节基部黄褐色或绿褐色，其余各节棕褐色。前胸背板中域暗黄绿色，后棕色，侧角强烈延伸呈较粗的长刺，末端尖锐，伸向侧前方，刺前缘通常橘红色，刺基部中央具黑色粗大刻点；小盾片黄绿色或浅褐色，具分布不均匀的黑色刻点，端部光滑，黄白色；革片刻点较细密、均匀，外域及顶角绿色或黄褐色；膜片淡，棕色半透明。中胸隆脊高起；气门黑色；侧接缘黄褐色；腹刺伸达前足基节。

分　　布：北京、山西、陕西、四川、云南；斯里兰卡。

跷蝽科
Berytidae

锤胁跷蝽
Yemma signatus Hsiao

目　　名：半翅目 Hemiptera

科　　名：跷蝽科 Berytidae

中文名称：锤胁跷蝽

学　　名：*Yemma signatus* Hsiao

识别特征：体长 6～8 毫米，狭长，淡黄褐色。触角长约为身体长的 1.5 倍，第 1 节基部及第 4 节基部 3/4，缘顶端及各足跗节端部黑色，前翅膜片基部具黑色细纹，头腹面中央及胸腹板中央有 1 条黑纹。小盾片具短刺。

分　　布：北京、河北、山东、河南、浙江、江西、四川、西藏、陕西。

蝽科
Pentatomidae

目　　名：半翅目 Hemiptera

科　　名：蝽科 Pentatomidae

中文名称：斑须蝽

别　　名：细毛蝽、斑角蝽、臭大姐

学　　名：*Dolycoris baccarum*（Linnaeus）

识别特征：体长 8 ~ 13 毫米，宽 5 ~ 6 毫米。黄褐色或紫褐色，被细长白绒毛和小黑刻点。头略呈梯形，复眼红褐色，触角 5 节，黑白相间。前胸背板淡黄色，前侧缘直，上卷。小盾片长三角形，末端钝，黄白色。前翅革片淡红褐色，膜片灰白色。足黄褐色，腿节具黑刻点。侧接缘黄黑相间。

分　　布：北京、黑龙江、吉林、辽宁、河北、河南、山东、山西、陕西、四川、云南、贵州、湖北、湖南、安徽、江苏、江西、浙江、广东。

蝽科
Pentatomidae

目　　名：半翅目 Hemiptera

科　　名：蝽科 Pentatomidae

中文名称：麻皮蝽

别　　名：黄斑蝽、麻蝽象、麻纹蝽

学　　名：*Erthesina fullo*（Thunberg）

识别特征：体长 20 ~ 25 毫米。体黑褐密布黑色刻点及细碎不规则黄斑。头部狭长，侧叶与中叶末端约等长，侧叶末端狭尖。触角 5 节黑色。喙浅黄 4 节，末节黑色，达第 3 腹节后缘。头部前端至小盾片有 1 条黄色细中纵线。前胸背板前缘及前侧缘具

黄色窄边。胸部腹板黄白色，密布黑色刻点。各腿节基部 2/3 浅黄，两侧及端部黑褐，各胫节黑色，腹面黄白，节间黑色，两侧散生黑色刻点，腹面中央具一纵沟，长达第 5 腹节。

分　　布：北京、河北、山西、辽宁、陕西、山东、江苏、浙江、江西、广西、广东、四川、贵州、云南；日本、印度、缅甸。

目　　名：半翅目 Hemiptera
科　　名：蝽科 Pentatomidae
中文名称：菜蝽
学　　名：*Eurydema dominulus*（Scopoli）

识别特征：成虫体长 6~9 毫米，椭圆形，体色橙红或橙黄，有黑色斑纹。头部黑色，侧缘上卷，橙色或橙红。前胸背板上有 6 个大黑斑，略成两排，前排 2 个，后排 4 个。小盾片基部有 1 个三角形大黑斑，近端部两侧各有 1 个较小黑斑，小盾片橙红色部分成 "Y" 字形，交会处缢缩。翅革片具橙黄或橙红色曲纹，在翅外缘形成 2 黑斑；膜片黑色，具白边。足黄、黑相间。腹部腹面黄白色，具 4 纵列黑斑。

分　　布：华北、东北、华东、华中、华南、西南。

目　　名：半翅目 Hemiptera
科　　名：蝽科 Pentatomidae
中文名称：横纹菜蝽
学　　名：*Eurydema gebleri* Kolenati

识别特征：体长 6~9 毫米，宽 3.5~5 毫米，椭圆形，黄或红色，具黑斑，全体密布刻点。头蓝黑色，前端圆两侧下凹，侧缘上卷，边缘红黄色，复眼前方具一红黄色斑，复眼、触角、喙黑色，单眼红色。前胸背板上具大黑斑 6 个，前 2 个三角形，后 4 个横长；中央具一黄色隆起十字形纹。小盾片蓝黑色，上具 Y 形黄色纹，末端两侧各具一黑斑。

分　　布：北京、河北、黑龙江、吉林、辽宁、内蒙古、甘肃、新疆、陕西、山东、江苏、安徽、湖北、四川、贵州、云南、西藏。

目　　名：半翅目 Hemiptera

科　　名：蝽科 Pentatomidae

中文名称：赤条蝽

学　　名：*Graphosoma rubrolineata*（Westwood）

识别特征：体长 10～12 毫米，宽约 7 毫米，长椭圆形，体表粗糙，有密集刻点。全体红褐色，其上有黑色条纹，纵贯全长。头部有 2 条黑纹。触角 5 节，棕黑色，基部 2 节红黄色，喙黑色，基部隆起。前胸背板较宽大，略似菱形，后缘平直，其上有 6 条黑色纵纹，两侧的 2 条黑纹靠近边缘。小盾片宽大，呈盾状，前缘平直，其上有 4 条黑纹，黑纹向后方略变细，两侧的 2 条位于小盾片边缘。体侧缘每节具黑、橙相间斑纹。体腹面黄褐色或橙红色，其上散生许多大黑斑。足黑色，其上有黄褐色斑纹。

分　　布：北京、河北、山西、内蒙古、陕西、山东、河南、黑龙江、辽宁、江苏、安徽、浙江、湖北、江西、湖南、广东、广西、四川、贵州、云南、宁夏、青海、新疆。

目　　名：半翅目 Hemiptera
科　　名：蝽科 Pentatomidae
中文名称：茶翅蝽
别　　名：臭蝽象、臭板虫、臭妮子
学　　名：*Halyomorpha picus* Fabricius

识别特征：体长 15 毫米左右，宽约 8 毫米，体扁平茶褐色，前胸背板、小盾片和前翅革质部有黑色刻点，前胸背板前缘横列 4 个黄褐色小点，小盾片基部横列 5 个小黄点，两侧斑点明显。

分　　布：北京、河北、河南、山东、山西、黑龙江、吉林、辽宁、陕西、四川、云南、贵州、湖北、湖南、安徽、江苏、江西、浙江、广东、台湾。

目　　名：半翅目 Hemiptera

科　　名：蝽科 Pentatomidae

中文名称：全蝽

别　　名：四横点蝽

学　　名：*Homalogonia obtusa*（Walker）

识别特征： 体长 12～15 毫米，宽椭圆形。灰褐、黄褐至黑褐色，腹面及足较淡，有时为黄绿色；背面密布黑色点刻。头部侧缘整齐而较直，稍上卷；侧叶长于中叶，但不在中叶前方相交，以致中叶前方常有小缺口。复眼棕黑，单眼黄红。触角细长，棕红褐色，末端两节端半黑色，第 1 节具黑色。喙棕褐，末端黑色，伸达后足基节。小盾片近三角形。前翅革质部色泽一致，膜片色淡、透明，灰白或灰黄色。腹部背面黑色。足被黑色小刻点。

分　　布： 北京、河北、山东、黑龙江、吉林、辽宁、陕西、甘肃、江苏、浙江、江西、广东、广西、福建、四川、贵州、云南；前苏联地区、日本、印度。

蝽科
Pentatomidae

紫蓝曼蝽
Menida violacea Motschulsky

目　　名：半翅目 Hemiptera

科　　名：蝽科 Pentatomidae

中文名称：紫蓝曼蝽

别　　名：紫蓝蝽

学　　名：*Menida violacea* Motschulsky

识别特征： 体长 8～10 毫米，椭圆形，紫蓝色，有金绿闪光，密布黑色点刻。头中叶基部的后面，有 2 条纵走细白纹，头腹面侧叶边缘黄白色，喙及触角黑色，但两者第 1 节均为黄色。前胸背板前缘及前侧缘黄白，后区有黄白色宽带，小盾片末端黄白色，其上散生黑色小点，前翅膜片稍过腹末。腹部背面黑色，侧接缘有半圆形黄白色斑，节缝两侧金绿紫蓝色，腹部腹面基部中央有一黄色锐刺，伸至中足基节前。腹面黄褐色。

分　　布： 北京、河北、山西、辽宁、内蒙古、陕西、山东、河南、江苏、安徽、浙江、湖北、湖南、江西、福建、广东、广西、四川、贵州、云南；俄罗斯、朝鲜、日本等。

目　　名：半翅目 Hemiptera

科　　名：蝽科 Pentatomidae

中文名称：金绿真蝽

学　　名：*Pentatoma metallifera* Motshulsky

识别特征：体长 17 ~ 21 毫米，宽 11 ~ 13 毫米。金绿色。触角黑或绿黑色。体下褐色，具浅刻点。头部中叶与侧叶末端平齐。前胸背板前侧缘有甚明显的锯齿，前角尖锐，向前外方斜伸。腹基突起短钝，伸达后足基节。喙伸过第 2 个可见腹节的中央。

分　　布：北京、河北、内蒙古、黑龙江、吉林、辽宁、陕西；西伯利亚东部、蒙古。

目　　名：半翅目 Hemiptera

科　　名：蝽科 Pentatomidae

中文名称：珀蝽

别　　名：朱绿蝽、克罗蝽

学　　名：*Plautia fimbriata*（Fabricius）

识别特征：体长 8～11.5 毫米。长卵圆形，具光泽，密被黑色或与体同色的细点刻。头鲜绿，触角第 2 节绿色，第 3、4、5 节绿黄，末端黑色；复眼棕黑，单眼棕红。前胸背板鲜绿。两侧角圆而稍凸起，红褐色，后侧缘红褐。小盾片鲜绿，末端色淡。前翅革片暗红色，刻点粗黑，并常组成不规则的斑。腹部侧缘后角黑色，腹面淡绿，胸部及腹部腹面中央淡黄，中胸片上有小脊，足鲜绿色。

分　　布：北京、江苏、福建、河南、广西、四川、贵州、云南、西藏等。

目　　名：半翅目 Hemiptera

科　　名：盾蝽科 Scutelleridae

中文名称：金绿宽盾蝽

别　　名：异色花龟蝽、红条绿盾背蝽

学　　名：*Poecilocoris lewisi* Distant

识别特征：体长 13.5~15.5 毫米，宽 9~10 毫米。宽椭圆形。触角蓝黑，足及身体下方黄色，体背是有金属光泽的金绿色，前胸背板和小盾片有艳丽的条状斑纹。

分　　布：北京、河北、山西、辽宁、陕西、山东、河南、江苏、江西、安徽、四川、贵州、湖北、广东、云南、台湾；日本。

目　　名：半翅目 Hemiptera

科　　名：土蝽科 Cydnidae

中文名称：短点边土蝽

学　　名：*Legnotus breviguttulus* Hsiao

识别特征：成虫，体长约5毫米。扁长圆形，深褐或黑色，略具光泽。头部色较深暗，复眼颜色稍淡，中片与侧片等长，喙长达后足基节。触角5节。前胸背板略呈梯形，两侧缘弧状，其侧缘和前翅革片前缘、腹部侧缘均布有狭细的白边。革片近中部处，具一白小斑，其长约为宽的2倍，膜片浅褐。小盾片黑褐色。

分　　布：北京、天津、山西、山东、江苏。

目　　名：半翅目 Hemiptera

科　　名：盲蝽科 Miridae

中文名称：三点盲蝽

学　　名：*Adelphocoris fasciaticollis* Reuter

识别特征：体长 7 毫米左右，黄褐色。触角与身体等长，前胸背板紫色，后缘具一黑横纹，前缘具黑斑 2 个，小盾片及 2 个楔片具 3 个明显的黄绿三角形斑。

分　　布：北京、河北、内蒙古、黑龙江、江苏、安徽、江西、湖北、四川、新疆等。

目　　名：半翅目 Hemiptera
科　　名：盲蝽科 Miridae
中文名称：三环苜蓿盲蝽
学　　名：*Adelphocoris triannulatus* Stal

识别特征：体长约 9 毫米，宽约 3 毫米。体长椭圆形，淡污锈褐色至黑褐色。头黑褐色，具光泽。前胸背板色淡，有光泽。小盾片深褐色，具淡色中纵带。前翅爪片及革片深褐色，具细密浅刻点，楔片中部黄白色，基部具三角形黑斑，膜片黑褐色。股节锈褐色，后足股节亚端部具浅色斑。

分　　布：北京、河北、内蒙古、东北、安徽、甘肃；日本、朝鲜、俄罗斯。

脉翅目
Neuroptera

目　　名：脉翅目 Neuroptera

科　　名：草蛉科 Chrysopidae

中文名称：大草蛉

学　　名：*Chrysopa pallens*（Rambur）

识别特征：体长约 14 毫米，翅展约 35 毫米。黄绿色，有黑斑纹。头部触角 1 对，细长，丝状，除基部两节与头同样为黄绿色外，其余均为黄褐色；复眼很大，呈半球状，突出于头部两侧，呈金黄色；头上有 2 ~ 7 个黑斑，触角下边的 2 个较大，两颊和唇基两侧各 1 个，头中央还有 1 个，常见的多为 4 斑或 5 斑。

分　　布：北京、河北、吉林、黑龙江、辽宁、陕西、山西、宁夏、甘肃、江苏、浙江、湖南、云南；日本、朝鲜、俄罗斯和欧洲。

草蛉科
Chrysopidae

中华通草蛉
Chrysoperla sinica（Tjeder）

目　　名：脉翅目 Neuroptera

科　　名：草蛉科 Chrysopidae

中文名称：中华通草蛉

学　　名：*Chrysoperla sinica*（Tjeder）

识别特征：中华草蛉体长 9 ~ 10 毫米，前翅长 13 ~ 14 毫米，后翅长 11 ~ 12 毫米，展翅 30 ~ 31 毫米。体黄绿色。胸部和腹部背面两侧淡绿色，中央有黄色纵带。头部淡黄色，颊斑和唇基斑黑色各 1 对。但大部分个体每侧的颊斑与唇基斑连接呈条状。

分　　布：北京、河北、黑龙江、吉林、辽宁、陕西、山西、山东、河南、湖北、湖南、四川、江苏、江西、安徽、上海、广东、云南、浙江。

目　　名：脉翅目 Neuroptera

科　　名：螳蛉科 Mantispidae

中文名称：汉优螳蛉

学　　名：*Eumantispa harmandi*（Navás）

识别特征：成虫体长 15 ~ 24 毫米，前翅长 15 ~ 24 毫米，后翅长 13 ~ 22 毫米。身体黄色，中后足黄色，前足为捕捉足，橘红色，前足基节和中后足都是黄色。翅透明，具橘红色翅痣。中后胸及腹部具有明显的暗褐斑，雄虫腹部末端有 1 对短小的尾突。

分　　布：北京、河北、湖南、台湾；日本、朝鲜。

蚁蛉科
Myrmeleontidae

中华东蚁蛉
Euroleon sinicus Navas

目　　名：脉翅目 Neuroptera

科　　名：蚁蛉科 Myrmeleontidae

中文名称：中华东蚁蛉

学　　名：*Euroleon sinicus* Navas

识别特征：体长 24 ~ 32 毫米；前翅长 25 ~ 34 毫米，后翅长 23 ~ 32 毫米。体翅狭长，脉密如网，静止时 4 翅并不平展也不合竖于背上，而是前翅覆盖于后翅上，左右靠近夹持腹部呈屋脊状。

分　　布：北京、河北、山西、陕西、四川；蒙古。

蛇蛉目
Raphidiodea

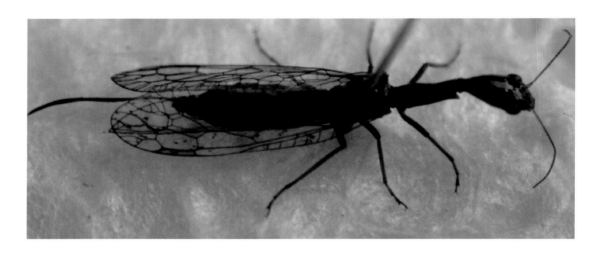

目　　名：蛇蛉目 Raphidiodea

科　　名：蛇蛉科 Raphidiidae

中文名称：戈壁黄痣蛇蛉

学　　名：*Xanthostigma gobicola* Apöck et Apöck

识别特征：体长 8～11 毫米，头部卵圆形，黑色。触角丝状，黄褐色。前胸背板细长，黑褐色。足黄色。翅透明，翅痣浅黄色。腹部黑褐色，背板两侧和背中各具 1 条黄色条纹。雌虫有细长的产卵器。

分　　布：北京、河北、内蒙古、山西、河南、陕西；蒙古。

鞘翅目
Coleoptera

目　　名：鞘翅目 Coleoptera
科　　名：步甲科 Carabidae
中文名称：麻步甲
学　　名：*Carabus brandti* Falder-
mann

识别特征：体长 16～24 毫米，体黑色或蓝黑色；头顶密布细刻点和粗皱纹；上颚较短宽，内缘中央有 1 颗粗大的齿；前胸背板宽大于长，最宽处在中部之前；鞘翅呈卵圆形，翅面密布大小疣突。

分　　布：北京、辽宁、山东、河北、内蒙古、河南、山西、陕西。

目　　名：鞘翅目 Coleoptera
科　　名：步甲科 Carabidae
中文名称：绿步甲
学　　名：*Carabus smaragdinus*
Fischer von Waldheim

识别特征：体长 29～35 毫米，色泽鲜艳，头、前胸背板及鞘翅具金属光泽，前胸背板暗铜色，鞘翅金绿色，疣突黑色；体腹面略带蓝色光泽。小盾片三角形，端部钝。鞘翅长卵形，基部宽度与前胸基缘接近。

分　　布：北京、河北、内蒙古、山西、辽宁、河南、山东、湖北；俄罗斯、朝鲜、韩国。

目　　名：鞘翅目 Coleoptera

科　　名：步甲科 Carabidae

中文名称：中华婪步甲

学　　名：*Harpalus sinicus* Hope

识别特征：体黑亮，体长 10～12 毫米，口须、触角和足黄褐色，前胸背板侧缘褐色；身体腹面黑色。复眼凸突。鞘翅扇角钝形。胸部腹面侧区和第 1 腹板被覆绒毛和刻点。

分　　布：北京、辽宁、内蒙古、湖南、江苏。

步甲科
Carabidae

芽斑虎甲
Cicindela gemmata Faldermann

目　　名：鞘翅目 Coleoptera

科　　名：步甲科 Carabidae

中文名称：芽斑虎甲

学　　名：*Cicindela gemmata* Faldermann

识别特征：体长 16 毫米左右；头、胸铜色，鞘翅深绿色，具有淡黄色斑点，每翅基部有 1 个芽状小斑，中部有 1 条波曲形横斑。

分　　布：北京、河北、黑龙江、吉林、辽宁、甘肃、青海、山东、湖北、江西、湖南、福建、重庆、四川。

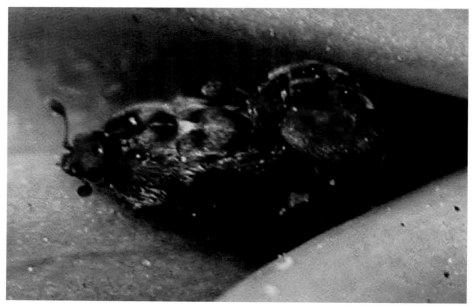

目　　名：鞘翅目 Coleoptera

科　　名：露尾甲科 Nitidulidae

中文名称：油菜叶露尾甲

学　　名：*Strongyllodes variegatus* Fairmaire

识别特征：体长3毫米左右，黑色，具蓝绿色光泽，扁平椭圆形，触角褐色9节，锤节3节，能收入头下的侧沟里。足棕褐色至红褐色，前足胫节具小齿。鞘翅短。体两侧近平行，末端收平，尾节略露在翅外，鞘翅上具不整齐浅刻点。

分　　布：北京、内蒙古、黑龙江、安徽、新疆、甘肃、青海。

目　　名：鞘翅目 Coleoptera
科　　名：吉丁科 Buprestidae
中文名称：白蜡窄吉丁
别　　名：花曲柳窄吉丁、梣小吉丁
学　　名：*Agrilus planipennis* Fairmaire

识别特征：成虫体铜绿色，具金属光泽，楔形；头扁平，顶端盾形；复眼古铜色、肾形，占大部分头部；触角锯齿状；前胸横长方形比头部稍宽，与鞘翅基部同宽；鞘翅前缘隆起成横脊，表面密布刻点，尾端圆钝，边缘有小齿突；腹部青铜色。

分　　布：北京、河北、天津、内蒙古、黑龙江、吉林、辽宁、山东、台湾；日本、朝鲜、蒙古、俄罗斯。

吉丁科
Buprestidae

栎星吉丁
Chrysobothris affinis Fabricius

目　　名：鞘翅目 Coleoptera
科　　名：吉丁科 Buprestidae
中文名称：栎星吉丁
学　　名：*Chrysobothris affinis* Fabricius

识别特征：体长约 13 毫米，全体紫褐色，有紫色闪光。复眼椭圆形，黑褐色。触角锯齿状，紫褐色，鞘翅上各有 3 个金绿色小斑点，近圆形。腹面中间部分及腿节内侧翠绿色闪光明显，足其他部分紫褐色。

分　　布：北京、河北、辽宁、山东。

目　　名：鞘翅目 Coleoptera
科　　名：吉丁科 Buprestidae
中文名称：四黄斑吉丁
别　　名：黄纹吉丁
学　　名：*Ptosima chinensis* Marseul

识别特征：体长约 11.5 毫米，宽 3.5 毫米。长筒形，全体深黑色发亮，头近与身体垂直，布满细密的刻点及灰白色长绒毛，两复眼大而突，椭圆形，黄褐色。前胸背板中前部隆起，后端稍低，前缘弯曲，中央大部前突，两侧缘斜形，后缘平直，背面布满较密的刻点并具前伸的长绒毛。小盾片细小，近方形。鞘翅两侧中前部近于平行，鞘翅表面具排列成纵行的规则刻点，每翅末端具 2 条横形黄色斑。

分　　布：北京、山西、山东、四川、贵州、福建、湖南、江西；日本。

目　　名：鞘翅目 Coleoptera
科　　名：叩甲科 Elateridae
中文名称：褐纹叩头甲
学　　名：*Melanotus caudex* Lewis

识别特征：成虫体长约 9 毫米，体细长。被灰色短毛，黑褐色，头部黑色向前突密生刻点，触角暗褐色，第 2、3 节近球形，第 4 节较第 2、3 节长。前胸背板黑色，刻点较头上的小后缘角后突。鞘翅黑褐色，具纵列刻点 9 条，腹部暗红色，足暗褐色。

分　　布：北京、河北、河南、东北、陕西。

叩甲科
Elateridae

泥红槽缝叩甲
Agrypnus argillaceus Solsky

目　　名：鞘翅目 Coleoptera
科　　名：叩甲科 Elateridae
中文名称：泥红槽缝叩甲
学　　名：*Agrypnus argillaceus* Solsky

识别特征：体长约 15.5 毫米，宽 5 毫米。体狭长。朱红色或红褐色，前胸背板底色黑色，鞘翅底色红褐色，小盾片底色黑色；触角，足及腹面黑色。全身密被茶色，红褐色或朱红色的鳞片状短毛。触角短，不达前胸基部。前胸背板长不大于宽。小盾片呈盾状，端部拱出。鞘翅宽于前胸，基部两侧平行，后 1/3 处变狭。腹面均匀地被有鳞片状毛和刻点。

分　　布：北京、河北、吉林、辽宁、内蒙古、甘肃、湖北、台湾、广西、四川、云南、贵州、西藏；越南、柬埔寨、朝鲜、蒙古、俄罗斯。

锹甲科
Lucanidae

黄褐前凹锹甲
Prosopocolius blanchardi（Parry）

目　　名：鞘翅目 Coleoptera
科　　名：锹甲科 Lucanidae
中文名称：黄褐前凹锹甲
别　　名：大圆耳锹形虫
学　　名：*Prosopocolius blanchardi*（Parry）

识别特征：体长 22.5 ~ 45 毫米（不含上颚）。鞘翅缝、小盾片黑褐色，前胸背板两侧有黑褐色圆斑，其余部分基本都是褐色。本种雌雄差别较大，雄性上颚发达，雌性上颚小。

分　　布：北京、河北、山西、陕西、江苏、浙江、湖北、台湾、四川；蒙古、朝鲜。

目　　名：鞘翅目 Coleoptera

科　　名：鳃金龟科 Melolonthidae

中文名称：大黑鳃金龟

别　　名：东北大黑鳃金龟、朝鲜黑金龟

学　　名：*Hololtrichia diomphalia* Batesa

识别特征：体长 17～21 毫米，长椭圆形，体黑至黑褐色，具光泽，触角鳃叶状，棒状部 3 节。前胸背板宽，约为长的 2 倍，两鞘翅表面均有 4 条纵肋，上密布刻点。前足胫外侧具 3 齿，内侧有一棘与第 2 齿相对，各足均具爪 1 对，训双爪式，爪中部下方有垂直分裂的爪齿。

分　　布：北京、河北、黑龙江、内蒙古、新疆、江苏、安徽、湖北、四川、甘肃；前苏联地区。

目　　名：鞘翅目 Coleoptera

科　　名：鳃金龟科 Melolonthidae

中文名称：毛黄鳃金龟

学　　名：*Holotrichia trichophora* Fair.

识别特征：体长 13～17 毫米，黄褐色，密被长毛。触角 9 节，前足胫节外侧 3 齿式，具发达爪齿。

分　　布：北京、河北、辽宁、山东、江苏、浙江、广西、台湾。

目　　名：鞘翅目 Coleoptera
科　　名：丽金龟科 Rutelidae
中文名称：粗绿丽金龟
学　　名：*Mimela holosericea* Fabricius
识别特征：成虫体长 16～19 毫米，宽 9～12 毫米，全体金绿色具光泽，前胸背板中央具纵隆线，前缘弧形弯曲，前侧角锐角形，后侧角钝，后缘中央弧形伸向后方，小盾片钝三角形。鞘翅具纵肋。腹面及腿节紫铜色，生白色细长毛。唇基紫铜色，前缘上卷。触角 9 节。复眼黑色，附近散生白长毛。雄虫前足爪一大一小，大爪末端不分裂。臀板三角形。

分　　布：北京、河北、山西、黑龙江、吉林、辽宁、内蒙古、青海。

丽金龟科
Rutelidae

铜绿丽金龟
Anomala corpulenta Motschulsky

目　　名：鞘翅目 Coleoptera
科　　名：丽金龟科 Rutelidae
中文名称：铜绿丽金龟
别　　名：铜绿金龟子、青金龟子、淡绿金龟子
学　　名：*Anomala corpulenta* Motschulsky
识别特征：体长 19～21 毫米，触角黄褐色，鳃叶状。前胸背板及鞘翅铜绿色具闪光，上面有细密刻点。鞘翅每侧具 4 条纵脉，肩部具疣突。前足胫节具 2 外齿，前、中足大爪分叉。

分　　布：北京、河北、内蒙古、黑龙江、吉林、辽宁、宁夏、陕西、山西、山东、河南、湖北、湖南、安徽、江苏、浙江、江西、四川、广西、贵州、广东；朝鲜、日本、蒙古、韩国、东南亚地区。

丽金龟科
Rutelidae

目　　名：鞘翅目 Coleoptera
科　　名：丽金龟科 Rutelidae
中文名称：四纹丽金龟
别　　名：中华弧丽金龟、豆金
　　　　　龟子、四斑丽金龟
学　　名：*Popillia quadrigutta-*
　　　　　ta Fabricius

识别特征：成虫体长 7.5～12 毫米，宽 4.5～6.5 毫米，椭圆形，翅基宽，前后收狭，
　　　　　体色多为深铜绿色；鞘翅浅褐至草黄色，四周深褐至墨绿色，足黑褐色。
　　　　　头小点刻密布其上；触角 9 节鳃叶状。雄虫大于雌虫。小盾片三角形。足
　　　　　短粗。前足、中足内爪大，后足则外爪大，不分叉。

分　　布：北京、天津、河北、山西、内蒙古、辽宁、吉林、黑龙江、河南、湖北、
　　　　　山东、福建、台湾、宁夏、青海、甘肃、陕西等地。

花金龟科
Cetoniidae

目　　名：鞘翅目 Coleoptera
科　　名：花金龟科 Cetoniidae
中文名称：白斑跗花金龟
学　　名：*Clinterocera mandarina*（West-
　　　　　wood）

识别特征：体长 13 毫米左右；扁平的种类；
　　　　　体形狭小，黑色，几乎没有光
　　　　　泽；每个鞘翅中部带有 1 个白色
　　　　　斑点；体表具有不同程度的白色
　　　　　绒毛层。

分　　布：北京、河北、山西、辽宁、湖
　　　　　北、云南、陕西；俄罗斯、
　　　　　朝鲜。

目　　名：鞘翅目 Coleoptera

科　　名：花金龟科 Cetoniidae

中文名称：小青花金龟

学　　名：*Oxycetonia jucunda* Faldermann

识别特征：体长 11～16 毫米，宽 6～9 毫米，长椭圆形稍扁；背面暗绿或绿色至古铜微红及黑褐色，变化大，多为绿色或暗绿色；腹面黑褐色，具光泽，体表密布淡黄色毛和刻点；头较小，黑褐或黑色，唇基前缘中部深陷；前胸背板半椭圆形，中部两侧盘区各具白绒斑 1 个，近侧缘亦常生不规则白斑，小盾片三角状；鞘翅狭长，侧缘肩部外突，且内弯；翅面上生有白色或黄白色绒斑，一般在侧缘及翅合缝处各具较大的斑 3 个。

分　　布：北京、河北、山东、河南、山西、陕西。

目　　名：鞘翅目 Coleoptera

科　　名：花金龟科 Cetoniidae

中文名称：白星花金龟

学　　名：*Protaetia brevitarsis* Lewis

别　　名：白纹铜花金龟、白星花潜

识别特征：体长 18～22 毫米，体色多为古铜色或少数绿色，有光泽；前胸背板、鞘翅和臀板上有白色绒状斑纹；前胸背板上通常有 2～3 对或排列不规则的白色绒斑。触角 10 节，小盾片呈长三角形，顶端钝，表面光滑，仅基角有少量刻点。

分　　布：北京、河北、东北、新疆；蒙古、俄罗斯、朝鲜、日本。

斑金龟科
Trichiidae

目　　名：鞘翅目 Coleoptera

科　　名：斑金龟科 Trichiidae

中文名称：短毛斑金龟

学　　名：*Lasiotrichius succinctus* (Pal-las)

识别特征：体长 10 毫米左右；鞘翅黄褐色，全体遍布竖立或斜状灰黄色、黑色或栗色长绒毛；前胸微收狭，前缘圆，中凹较浅，侧缘弧形；鞘翅较短宽，散布稀大刻纹，每翅有 4 对纤细条纹；通常每翅有 3 条横向黑色或栗色宽带。

分　　布：北京、河北、山西、内蒙古、黑龙江、吉林、辽宁、河南、山东、陕西、宁夏、甘肃、青海；蒙古、俄罗斯、日本。

拟步甲科
Tenebrionidae

目　　名：鞘翅目 Coleoptera

科　　名：拟步甲科 Tenebrionidae

中文名称：达氏琵甲

学　　名：*Blaps davidis* Deyrolle

识别特征：体长约 23 毫米，黑色，光亮。唇基略向前弯，头顶布细刻点。前胸背板近方形，前缘内弯，仅两端有细棱，前角钝圆。侧缘有细棱，略向上翻，前段外弯，后大半较直，后角直角形。后缘较直，略向内弯，内侧压平。背面布点刻，中线细而隆起，四周点刻相互连接呈皱纹状。鞘翅两边缓慢外扩和收缩，以中部最宽，翅面密布粗皱。各足胫节密生细刺粒，腹部腹板布皱纹。

分　　布：北京、河北、山西、内蒙古、陕西、宁夏。

目　　名：鞘翅目 Coleoptera

科　　名：拟步甲科 Tenebrionidae

中文名称：波氏栉甲

学　　名：*Cteniopinus potanini* Heyd

识别特征：体长 11 ~ 13 毫米，体窄长，前胸背板，鞘翅及足黄色，其余褐色至黑色。上唇近正方形，前缘凹，周缘具浅色长毛，触角长达到鞘翅中部，端缘与基缘具饰边。鞘翅窄长，翅缘与中缝栗色，足基节、转节黑色，腿节、胫节黄色，趾节色稍深。

分　　布：北京、河北、东北、河南、宁夏、四川、陕西、甘肃；朝鲜、俄罗斯。

拟步甲科
Tenebrionidae

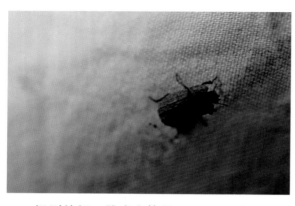

目　　名：鞘翅目 Coleoptera

科　　名：拟步甲科 Tenebrionidae

中文名称：网目拟地甲

学　　名：*Opatrum subaratum* Faldermann

识别特征：雌成虫体长7.2~8.6毫米；雄成虫体长6.4~8.7毫米。成虫羽化初期乳白色，最后全体呈黑色略带褐色，一般鞘翅上都附有泥土，因此外观呈灰色。虫体椭圆形，头部较扁，背面似铲状，复眼黑色在头部下方。触角棍棒状11节，第1、3节较长，其余各节呈球形。前胸发达，前缘呈半月形，其上密生点刻如细沙状。鞘翅近长方形，有翅不能飞翔，鞘翅上有7条隆起的纵线。前、中、后足各有距2个，足上生有黄色细毛。腹部背板黄褐色。

分　　布：北京、河北、东北、甘肃、陕西、河南、安徽。

郭公虫科
Cleridae

目　　名：鞘翅目 Coleoptera

科　　名：郭公虫科 Cleridae

中文名称：连斑奥郭公

学　　名：*Opilo communimacula* Fairmaire

识别特征：体长约8毫米，体黑色，触角黄褐色，鞘翅红色，鞘翅中缝近端缘处有1个大黑斑，黑斑略呈水滴状。

分　　布：北京、山西、宁夏；蒙古。

郭公虫科

Cleridae

目　　名：鞘翅目 Coleoptera

科　　名：郭公虫科 Cleridae

中文名称：中华食蜂郭公虫

学　　名：*Trichodes sinae* Chevrolat

识别特征：体长 9~18 毫米。体背大部蓝黑色，鞘翅红色，每鞘翅基部邻小盾片处具半圆形黑斑；鞘翅中部前后和鞘翅端部各有 1 条黑带；黑带变异大，第 1 条黑带和第 2 条可能变成不连续的黑斑。体背密被直立毛，鞘翅红色处的毛白色。复眼大而突出，触角锤状。

分　　布：北京、河北、内蒙古、吉林、陕西、甘肃、新疆、青海、河南、江苏、浙江、湖北、江西、湖南、四川、西藏；蒙古、俄罗斯、韩国。

目　　名：鞘翅目 Coleoptera

科　　名：芫菁科 Meloidae

中文名称：绿芫菁

别　　名：青娘子、芫菁、青虫、相思虫

学　　名：*Lytta caraganae* Pallas

识别特征：体长 11~21 毫米，全身绿色，有紫色金属光泽，有些个体鞘翅有金绿色光泽；额前部中央有 1 橘红色小斑纹；触角念珠状；鞘翅具皱状刻点。凹凸不平。

分　　布：北京、河北、黑龙江、吉林、辽宁、内蒙古、新疆、宁夏、青海、甘肃、陕西、山西、山东、河南、安徽、江苏、上海、湖北、湖南、江西、浙江；朝鲜、蒙古、日本、俄罗斯。

芫菁科
Meloidae

绿边芫菁
Lytta suturella Motschulsky

目　　名：鞘翅目 Coleoptera

科　　名：芫菁科 Meloidae

中文名称：绿边芫菁

别　　名：水曲柳芫菁、赤带绿芫菁

学　　名：*Lytta suturella* Motschul-sky

识别特征：成虫体长 17~20 毫米，宽 4~6 毫米。头、胸、腹部绿色，闪金属光泽。触角黑色，光滑，端节本端尖锐；雄虫触角锯齿状，达体长之半，雌虫触角仅比头胸略长。前胸背板呈僧帽形，两侧角隆起突出，胸面不平整。鞘翅赤褐色，内缘相接绿色，形成 1 绿色纵纹，此纹前宽后窄，具金属光泽，鞘翅外缘亦绿色；每鞘翅中部红褐色带的中部有 1 隆脊纵贯全翅，在红绿两色交界处亦有 1 脊与此平行，2 纵脊至近翅端即消失。

分　　布：北京、河北、山西、东北、内蒙古、宁夏、甘肃、山东、河南、江苏、安徽、浙江、湖北、江西。

芫菁科
Meloidae

目　　名：鞘翅目 Coleoptera

科　　名：芫菁科 Meloidae

中文名称：苹斑芫菁

学　　名：*Mylabris calida* Pallas

识别特征：体长 11 ~ 13 毫米；体宽 3.6 ~ 6.8 毫米。体、足全黑，被黑色毛。鞘翅淡黄到棕黄色，具黑斑，每翅有一黑色横斑纹，距翅的基部和端部各 1/4 ~ 1/5，各有 1 对黑圆斑，有时后端 2 个黑圆斑汇合成 1 块横斑。

分　　布：北京、河北、黑龙江、江苏、山东、内蒙古、湖北、新疆。

萤科
Lampyridae

目　　名：鞘翅目 Coleoptera

科　　名：萤科 Lampyridae

中文名称：黑腹栉角萤

学　　名：*Vesta chevrolatii* Laporte

识别特征：体长 16 ~ 19 毫米，前胸背板红色，前缘米黄色，鞘翅黑色，小盾板黑色，腹部除末 2 节外都是黑色。

分　　布：北京、台湾。

目　　名：鞘翅目 Coleoptera
科　　名：红萤科 Lycidae
中文名称：赤缘吻红萤
学　　名：*Lycostomus porphyrophorus*
　　　　　（Solsky）

识别特征：体长 12～18 毫米，黑色。头长吻状。前胸背板钟形，前缘稍圆突，后缘近于平直，两侧红色，中央黑褐色；鞘翅红色，每个有 4 条纵脊。

分　　布：北京、河北、辽宁；朝鲜、俄罗斯。

瓢虫科
Coccinellidae

多异瓢虫
Adonia variegate Goeze

目　　名：鞘翅目 Coleoptera
科　　名：瓢虫科 Coccinellidae
中文名称：多异瓢虫
学　　名：*Adonia variegate* Goeze

识别特征：雌虫体长 4～4.70 毫米，宽 2.50～3 毫米。头前部黄白色，后部黑色，或颜面有 2～4 个黑斑。复眼黑色，触角、口器黄褐色。前胸背板黄白色。小盾片黑色。鞘翅黄褐色到红褐色。两鞘翅上共有 13 个黑斑。腹面黑色，仅侧片部分黄白色。足基部黑色，端部褐色。唇基前缘在两前角之间齐平，触角锤节紧密。前胸背板后缘有细窄的边缘。前胸腹板无纵隆线，跗爪中部有小齿。雄虫体较雌虫小。

分　　布：北京、河北、吉林、辽宁、内蒙古、陕西、甘肃、宁夏、河南、山东、山西、四川、福建、云南、新疆、西藏；印度、古北区、非洲、拉丁美洲。

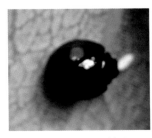

目　　名：鞘翅目 Coleoptera

科　　名：瓢虫科 Coccinellidae

中文名称：红点唇瓢虫

学　　名：*Chilocorus kuwanae* Silvestri

识别特征：体长 3.3 ~ 4.9 毫米，体宽 2.9 ~ 4.5 毫米。虫体周缘近于圆形，端部稍收窄，背面拱起。头部黑色，唇基前缘红棕色。前胸背板黑色。小盾片黑色。鞘翅黑色，在中央之前各有 1 个橙红色的小斑，长形横置或近于圆形。腹面前、中、后胸腹板黑色，中、后胸侧片黑至黑褐色，前胸背板缘折、鞘翅缘折亦为黑色，腹部各节红褐色。前胸背板基缘弓形，侧缘弧形，前角及后角均钝圆。

分　　布：全国各地。

目　　名：鞘翅目 Coleoptera

科　　名：瓢虫科 Coccinellidae

中文名称：黑缘红瓢虫

学　　名：*Chilocorus rubldus* Hope

识别特征：雌虫体长 4.40 ~ 5.50 毫米，宽 4.10 ~ 5 毫米。虫体近圆形，呈半球形拱起，背面光滑无毛。头部褐色。前胸背板红褐色。鞘翅枣红色，外缘和后缘黑色、向内逐渐变淡。腹面红褐色。腹部中央较深。鞘翅缘折黑色，但前部向内靠中、后胸部分红褐色，在肩胛角前面有一凹陷。第 5 腹板长 2 倍于第 4 腹板，后缘弧形外凸，几乎全盖着第 6 腹板；第 6 腹板后缘亦弧形外凸。雄虫第 5 腹板不完全盖着第 6 腹板，后缘宽圆外凸，第 6 腹板后缘平截。

分　　布：北京、河北、黑龙江、吉林、辽宁、内蒙古、宁夏、甘肃、陕西、河南、山东、江苏、浙江、湖南、四川、福建、海南、贵州、云南、西藏；日本、俄罗斯、朝鲜、印度、尼泊尔、印度尼西亚、澳大利亚。

目　　名：鞘翅目 Coleoptera

科　　名：瓢虫科 Coccinellidae

中文名称：七星瓢虫

别　　名：金龟、新媳妇、花大姐

学　　名：*Coccinella septempunctata* Linnaeus

识别特征：成虫体长 5.2~6.5 毫米，宽 4~5.6 毫米。身体卵圆形，背部拱起，呈水瓢状。头黑色、复眼黑色，内侧凹入处各有 1 淡黄色点。触角褐色。口器黑色。上额外侧为黄色。前胸背板黑，前上角各有 1 个较大的近方形的淡黄地。小盾片黑色。鞘翅红色或橙黄色，两侧共有 7 个黑斑；翅基部在小盾片两侧各有 1 个三角形白地。体腹及足黑色。

分　　布：北京、辽宁、吉林、黑龙江、河北、山东、山西、河南、陕西、江苏、浙江、上海、湖北、湖南、江西、福建、广东、四川、云南、贵州、青海、新疆、西藏、内蒙古；蒙古、朝鲜、日本、俄罗斯、印度、欧洲。

目　　名：鞘翅目 Coleoptera

科　　名：瓢虫科 Coccinellidae

中文名称：十一星瓢虫

学　　名：*Coccinella undecimpunctata* Linnaeus

识别特征：体长 4.0 ~ 5.6 毫米。虫体周缘卵圆形。头黑色，复眼黑色，唇基黑色，前缘常有细窄的黄色条纹。前胸背板黑色，前角有三角形黄白色斑。小盾片黑色。鞘翅基色为黄色，密生细毛。在小盾片两侧有三角形白斑，小盾片下鞘缝上有一圆形黑斑，此外每一鞘翅上各有 5 个黑色斑，肩胛上的黑斑最小，鞘翅外缘 1/3 处和 2/3 处各有一黑斑，鞘翅 3/4 处有一小黑斑，此斑与外缘 2/3 处的黑斑斜。腹面黑色，中、后胸腹板后侧片黄色。足黑色。

分　　布：北京、河北、山东、山西、陕西、甘肃、新疆；欧洲、非洲北部地区。

目　　名：鞘翅目 Coleoptera

科　　名：瓢虫科 Coccinellidae

中文名称：异色瓢虫

学　　名：*Harmonia axyridis*（Pallas）

识别特征：体长 5.40 ~ 8 毫米；宽 3.80 ~ 5.20 毫米。体卵圆形，突肩形拱起，但外缘向外平展的部分较窄。体色和斑纹变异很大。头部橙黄色、橙红色或黑色。前胸背板浅色，有 1 个"M"形黑斑，向浅色型变异时该斑缩小，仅留下 4 个或 2 个黑点；向深色型变异时该斑扩展相连以至前胸背板中部全为黑色，仅两侧浅色。小盾片橙黄色或黑色。鞘翅上各有 9 个黑斑，向浅色型变异的个体鞘翅上的黑斑部分消失或全消失，以至鞘翅全部为橙黄色；向深色型变异时，斑点相互连成网形斑或鞘翅基色黑而有 1、2、4、6 个浅色斑纹甚至全黑色。腹面色泽亦有变异，浅色型的中部黑色，外绿黄色；深色型的中部黑色，其余部分棕黄色。鞘翅末端 7/8 处有 1 个明显的横脊痕是该种的重要特征。

分　　布：国内除广东南部、香港没有分布外，其他地区均有分布；国外分布于日本、朝鲜、越南、俄罗斯远东地区。

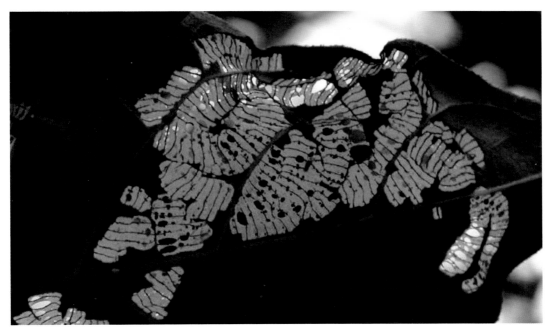

目　　名：鞘翅目 Coleoptera

科　　名：瓢虫科 Coccinellidae

中文名称：马铃薯瓢虫

别　　名：酸浆瓢虫、茄二十八星瓢虫

学　　名：*Henosepilachna vigintioctomaculata* Motschulsky

识别特征：成虫体长 7~8 毫米，半球形，赤褐色，体背密生短毛，并有白色反光。前胸背板中央有 1 个较大的剑状纹，两侧各有 2 个黑色小斑。两鞘翅各有 14 个黑色斑，鞘翅基部 3 个黑斑后面的 4 个斑不在一条直线上；两鞘翅合缝处有 1~2 对黑斑相连。

分　　布：北京、河北、黑龙江、内蒙古、福建、陕西、甘肃、四川、云南、西藏；日本、朝鲜、越南。

目　　名：鞘翅目 Coleoptera
科　　名：瓢虫科 Coccinellidae
中文名称：龟纹瓢虫
学　　名：*Propylea japonica* Thunberg

识别特征：体长 3.4~4.5 毫米，宽 2.5~3.2 毫米。外观变化极大；标准型翅鞘上的
黑色斑呈龟纹状；无纹型鞘翅除接缝处有黑线外，全为单纯橙色；另外尚
有四黑斑型、前二黑斑型、后二黑斑型等不同的变化。

分　　布：全国各地；日本、俄罗斯、朝鲜、越南、不丹、印度。

瓢虫科
Coccinellidae

十二斑褐菌瓢虫
Vibidia duodecimguttata（Poda）

目　　名：鞘翅目 Coleoptera
科　　名：瓢虫科 Coccinellidae
中文名称：十二斑褐菌瓢虫
学　　名：*Vibidia duodecimguttata*（Poda）

识别特征：体长 3.1~3.7 毫米，宽 2.3~3.5
毫米。体椭圆形，半圆形拱起，
背面光滑无毛。体黄褐色或红褐
色，前胸背板两侧近后角各有 1 个
小白斑，每个鞘翅上有 6 个乳白色
斑点。

分　　布：北京、河北、河南、陕西、甘肃、青海、吉林、上海、福建、湖南、广
西、四川、贵州、云南；日本、朝鲜、蒙古、越南、俄罗斯、中亚至
欧洲。

瓢虫科
Coccinellidae

红环瓢虫
Rodolia limbata Motschulsky

目　　名：鞘翅目 Coleoptera

科　　名：瓢虫科 Coccinellidae

中文名称：红环瓢虫

学　　名：*Rodolia limbata* Motschulsky

识别特征：体长 4.0~6.0 毫米；宽 3.0~4.3 毫米。虫体长圆形，两侧近于平行，弧形拱起，披黄白色细毛。头部黑色，复眼黑色而常具浅色的周缘。前胸背板前缘及侧缘红色。小盾片黑色。每一鞘翅的周缘均为红色。腹面中央部分黑色，其余部分红色。足基节黑色，其余部分红色。

分　　布：北京、黑龙江、辽宁、河北、山西、江苏、浙江、云南；日本、前苏联地区。

目　　名：鞘翅目 Coleoptera
科　　名：天牛科 Cerambycidae
中文名称：阿尔泰天牛
别　　名：中黑肖亚天牛
学　　名：*Amarysius altajensis* Laxmann
识别名称：体长 11 ~ 15 毫米，黑色，鞘翅朱红色，在鞘缝处有窄长卵圆形大黑斑。

分　　布：北京、河北、辽宁、吉林、黑龙江、内蒙古、山东、浙江、新疆；俄罗斯、蒙古、朝鲜。

天牛科
Cerambycidae

桑天牛
Apriona germarii Hope

目　　名：鞘翅目 Coleoptera
科　　名：天牛科 Cerambycidae
中文名称：桑天牛
别　　名：褐天牛、粒肩天牛、铁炮虫
学　　名：*Apriona germarii* Hope
识别特征：雌虫体长 31 ~ 44 毫米，宽 9 ~ 12 毫米，雄虫略小。体黑褐色，密生暗黄色细绒毛；触角鞭状；第 1、2 节黑色，其余各节灰白色，端部黑色；前胸背板宽大于长，有不规则的粗大颗粒状突起，前后横沟均为 3 条，侧刺突发达。鞘翅基部密生黑瘤突，肩角有黑刺 1 个。

分　　布：北京、天津、广东、广西、湖北、湖南、河北、辽宁、河南、山东、安徽、江苏、上海、浙江、福建、四川、江西、台湾、海南、云南、贵州、山西、陕西；日本、朝鲜、越南、老挝、柬埔寨、缅甸、泰国。

目　　名：鞘翅目 Coleoptera

科　　名：天牛科 Cerambycidae

中文名称：光肩星天牛

学　　名：*Anoplophora glabripennis*（Motschulsky）

识别特征： 雄虫体长 20～29 毫米，雌虫体长 22～35 毫米。体黑色，有光泽。除基节外，触角各节基部蓝灰色，它部黑色，呈现蓝黑相间。前胸背板两侧各有 1 个刺状突起。鞘翅基部光滑，无瘤状颗粒，翅面上有约 20 个白色斑点。足腿节、胫节及跗节上具蓝色绒毛。

分　　布： 北京、辽宁、河北、天津、内蒙古、宁夏、陕西、甘肃、河南、山西、山东、江苏、安徽、江西、湖北、湖南、四川、上海、浙江、福建、广西、广东、云南、贵州；朝鲜、日本。

目　　名：鞘翅目 Coleoptera

科　　名：天牛科 Cerambycidae

中文名称：桃红颈天牛

别　　名：红颈天牛、铁炮虫

学　　名：*Aromia bungii* Faldermann

识别特征：体长 28 ~ 37 毫米。体黑色，有光亮；前胸背板红色，背面有 4 个光滑疣突，具角状侧枝刺；鞘翅翅面光滑，基部比前胸宽，端部渐狭；雄虫触角超过体长 4 ~ 5 节，雌虫超过 1 ~ 2 节。

分　　布：北京、河北、东北、河南、江苏、浙江。

寄　　主：桃、杏、樱桃、郁李、梅、柳。

目　　名：鞘翅目 Coleoptera

科　　名：天牛科 Cerambycidae

中文名称：红缘天牛

别　　名：红缘亚天牛、红条天牛

学　　名：*Asias halodendri* Pallas

识别特征：体长 11～19.5 毫米，体黑色狭长，被细长灰白色毛。鞘翅基部各具 1 朱红色椭圆形斑，外缘有 1 条朱红色窄条，常在肩部与基部椭圆形斑相连接。头短，刻点密且粗糙，被浓密深色毛，触角细长丝状 11 节超过体长。前胸宽略大于长，侧刺突短而钝。小盾片等边三角形。鞘翅狭长且扁，两侧缘平行，末端钝圆，翅面被黑短毛，红斑上具灰白色长毛，足细长。

分　　布：北京、东北、河北、山西、河南、浙江。

目　　名：鞘翅目 Coleoptera
科　　名：天牛科 Cerambycidae
中文名称：云斑白条天牛
学　　名：*Batocera lineolata* Chevrolat

识别特征：体长 32～65 毫米。体黑褐至黑色，密被灰白色至灰褐色绒毛。雄虫触角超过体长 1/3，雌虫者略长于体，每节下沿都有许多细齿，雄虫从第 3 节起，每节的内端角并不特别膨大或突出。前胸背板中央有 1 对肾形白色或浅黄色毛斑，小盾片被白毛。鞘翅上具不规则的白色或浅黄色绒毛组成的云片状斑纹。鞘翅基部 1/4 处有大小不等的瘤状颗粒，肩刺大而尖端微指向后上方。翅端略向内斜切，内端角短刺状。身体两侧由复眼后方至腹部末节有 1 条由白色绒毛组成的纵带。

分　　布：北京、河北、山东、四川、云南、贵州、广西、广东、台湾、福建、江西、安徽、浙江、江苏、湖北、湖南、陕西；越南、印度、日本。

寄　　主：杨、核桃、桑、柳、榆、白蜡、泡桐、女贞、悬铃木、苹果和梨。

目　　名：鞘翅目 Coleoptera
科　　名：天牛科 Cerambycidae
中文名称：六斑绿虎天牛
学　　名：*Chlorophorus sexmaculatus* Motschulsky
识别特征：头颅淡黄褐色，口器框棕褐色区较细；唇基和上唇很小，淡白色；下唇舌很小，圆形，端部不超过下唇须第 1 节；侧单眼 1 对，很小，稍凸；触角与前种相似，但第 1 节稍宽胜于长。前胸背板淡黄色，前端横斑色淡，后区"山"字形骨化板前端两侧有 2 个凹陷，较粗糙，后方具细纵刻纹；前胸腔板中前腹片中央两侧有 2 个较平坦卵形区。

分　　布：北京、河北、黑龙江、吉林、内蒙古、甘肃、江西、辽宁、云南、陕西、青海、湖北、广西、四川、福建、新疆；朝鲜、俄罗斯、日本。

天牛科
Cerambycidae

目　　名：鞘翅目 Coleoptera

科　　名：天牛科 Cerambycidae

中文名称：曲纹花天牛

学　　名：*Leptura arcuata* Panzer

识别特征：体长 12 ~ 17 毫米，体黑色，密被金黄色有光泽的绒毛，鞘翅黑色，具有 4 条黄色横纹，触角约为体长的 5/6，雄虫触角第 1 ~ 5 节黑褐色，雌虫亦黑色，第 6 ~ 11 节黄褐色。前胸前端紧缩，后端阔，前胸背板后缘弯曲，后端角突出，鞘翅基端阔，末端狭。雄虫后足胫节弯曲，基部较细，末端较粗。

分　　布：北京、河北、黑龙江、吉林、山东。

天牛科
Cerambycidae

目　　名：鞘翅目 Coleoptera

科　　名：天牛科 Cerambycidae

中文名称：薄翅天牛

别　　名：薄翅锯天牛、中华薄翅天牛、大棕天牛

学　　名：*Megopis sinica* White

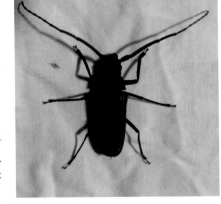

识别特征：体长 40 ~ 58 毫米。成虫雌雄异体，主要区别于有无产卵器。头黑褐色，咀嚼式口器。复眼肾形黑色，触角红茶色。胸黑褐色、前胸与中、后胸分离，中后胸联合并密被绒毛；中胸短而狭，背板有三角形小盾片，后胸大而宽，腹面有光泽。前翅 2 对，鞘翅红茶色，后翅为 1 对薄膜翅，翅脉红茶色，脉间膜质白色透明。腹部 6 节，红褐色有光泽。足红茶色。

分　　布：北京、河北、辽宁、内蒙古、甘肃、山西、陕西、山东、河南、江苏、安徽、浙江、湖北、江西、湖南、福建、台湾、广西、四川、贵州、云南。

目　　名：鞘翅目 Coleoptera

科　　名：天牛科 Cerambycidae

中文名称：双簇污天牛

学　　名：*Moechotypa diphysis* Pascoe

识别特征：体长 16 ~ 24 毫米，体阔，黑色，前胸背板或鞘翅多瘤状突起，鞘翅基部 1/5 处各有一簇黑色长毛，极为显著，体被黑色、灰色、火黄色或灰黄色绒毛，鞘翅瘤突上一般被黑绒毛，淡色绒毛在瘤突间，围成不规则的格子，触角自第 3 节起各节基部都有一淡色毛环。雄虫触角较体略长，雌虫较体略短。

分　　布：北京、河北、东北、内蒙古、安徽、浙江、广西。

目　　名：鞘翅目 Coleoptera

科　　名：天牛科 Cerambycidae

中文名称：舟山筒天牛

别　　名：中黑筒天牛

学　　名：*Oberea inclusa* Pascoe

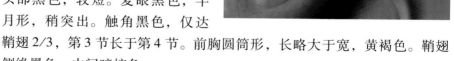

识别特征：体长 13 ~ 16 毫米，宽 2 ~ 2.5 毫米。体细长，圆筒形，黄褐色。头部黑色，较短。复眼黑色，半月形，稍突出。触角黑色，仅达鞘翅 2/3，第 3 节长于第 4 节。前胸圆筒形，长略大于宽，黄褐色。鞘翅侧缘黑色，中间暗棕色。

分　　布：北京、河北、东北、河南、山东、浙江、江西、福建、湖北、广东、广西、四川；朝鲜、俄罗斯。

寄　　主：榆树。

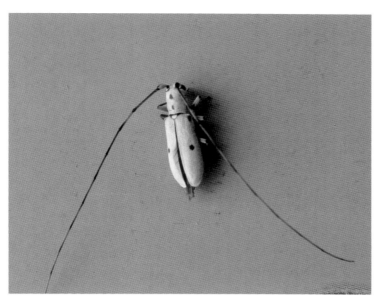

目　　名：鞘翅目 Coleoptera

科　　名：天牛科 Cerambycidae

中文名称：黑点粉天牛

学　　名：*Olenecamptus subobliteratus* Pic

识别特征：体长 8～17 毫米，体黑褐色，触角及足橡棕黄色或棕红色，体密被白色或灰色粉毛，头顶后缘有 3 个长形黑斑，前胸 2 侧各有 2 个卵形黑斑。背板中央有 1 个小黑斑，通常鞘翅每翅上有 4 个斑点，其中 1 个长形处于肩上，2 个圆形在翅中央，前后排成直线，第 4 个卵形，接近翅端外缘。

分　　布：北京、东北、陕西、江苏、浙江、四川、湖南、台湾；朝鲜、日本。

目　　名：鞘翅目 Coleoptera
科　　名：天牛科 Cerambycidae
中文名称：双斑松天牛
学　　名：*Pachyta bicuneata* Motschulsky

识别特征：体长 11 ~ 16 毫米，体窄长，头短，刻点粗糙而稠密，被棕色细毛，额阔。触角向后伸展，雌虫较短，接近鞘翅末端，雄虫超过体长，前胸两侧缘呈弧形，有 5 个不显著的隆起，被暗棕色的细长竖毛，小盾片三角形，具黑色细毛，鞘翅朱红色，中有大黑斑，在中缝处连接成长卵形。

分　　布：北京、河北、东北；俄罗斯、朝鲜、日本。

目　　名：鞘翅目 Coleoptera

科　　名：天牛科 Cerambycidae

中文名称：多带天牛

学　　名：*Polyzonus fasciatus*（Fabricius）

识别特征：雄虫体长 11.6~18.5 毫米，宽 2.2~4 毫米；雌虫体长 12.9~19.3 毫米，宽 2.8~4.3 毫米。体蓝黑色，有金属光泽。触角略长于体长。前胸背板被有粗刻点，两侧有突起。鞘翅上有 2 条橘黄色宽横带。

分　　布：北京、河北、天津、吉林、内蒙古、山东、山西、陕西、甘肃、宁夏、江苏、浙江、安徽、江西、福建、广东；朝鲜、俄罗斯。

目　　名：鞘翅目 Coleoptera

科　　名：天牛科 Cerambycidae

中文名称：刺角天牛

学　　名：*Trirachys orientalis* Hope

识别特征：体长，35~52 毫米。灰黑色，密被棕黄及银灰色丝光绒毛；雄虫触角过体长，雄虫第 3~7 节，雌虫第 3~10 节内端具

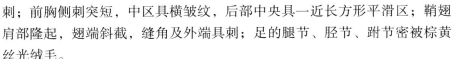

刺；前胸侧刺突短，中区具横皱纹，后部中央具一近长方形平滑区；鞘翅肩部隆起，翅端斜截，缝角及外端具刺；足的腿节、胫节、跗节密被棕黄丝光绒毛。

分　　布：北京、天津、河北、东北、上海、河南；日本、老挝。

目　　名：鞘翅目 Coleoptera

科　　名：天牛科 Cerambycidae

中文名称：双条杉天牛

别　　名：双条天牛，蛀木虫

学　　名：*Semanotus bifasciatus* Motschulsky

识别特征：体长约 10 毫米，圆筒形略扁，黑褐色至棕色。前翅中央及末端具 2 条黑色横宽带，2 条黑带间为棕黄色，翅前端驼色。

分　　布：北京、河北、辽宁、甘肃、陕西、内蒙古、山西、山东、安徽、江苏、上海、浙江、福建、广东、广西、湖北、重庆、贵州、四川。

目　　名：鞘翅目 Coleoptera

科　　名：天牛科 Cerambycidae

中文名称：麻竖毛天牛

别　　名：麻茎天牛

学　　名：*Thyestilla gebleri* Faldermann

识别特征：体长 10～15 毫米。身体黑色或浅灰至黑棕色，身上被有浓密的黑、白相杂的绒毛和竖起的毛，色深个体被毛较稀。头顶有 1 条灰白色直线；触角第 2 节起每节基部浅灰色，雄虫触角长于雌性。前胸背板中央及两侧共有 3 条灰白色纵条。小盾片披灰白色绒毛。鞘翅沿中缝及肩角以下各有灰白色纵条 1 根。

分　　布：北京、河北、东北、河南、山东、山西、陕西、江苏。

目　　名：鞘翅目 Coleoptera

科　　名：伪叶甲科 Lgariinae

中文名称：红翅伪叶甲

学　　名：*Lagria rufipennis* Marseul

识别特征：体长 8~9 毫米。体黑色，具光泽，鞘翅红黄色。前胸背板黑色，体形狭
　　　　　长。复眼大，雄性为圆形，雌性复眼略小；触角细长，约到达鞘翅中部，
　　　　　触角末节延长。鞘翅无明显纵沟，密被绒毛，质地柔软。

分　　布：北京、河北、江西、湖北、重庆、四川、云南、西藏、宁夏、陕西；朝
　　　　　鲜、韩国、日本、俄罗斯。

目　　名： 鞘翅目 Coleoptera

科　　名： 铁甲科 Hispidae

中文名称： 甘薯蜡龟甲

别　　名： 甘薯褐龟甲、甘薯大龟甲

学　　名： *Laccoptera quadrimaculata* Thunberg

识别特征： 成虫体长 7.5～10 毫米，宽 6.4～8.6 毫米，体近三角形。前胸背板和两鞘翅向外延伸部分为黄褐色半透明，有网状纹。其余部分呈暗褐色。在两鞘翅背面暗褐色里，有呈"干"字纹的黑色或黑褐色斑。触角 11 节，黄褐色，雌虫末端 3 节为黑色，雄虫末端 5 节为黑色。

分　　布： 北京、河北、江苏、浙江、湖北、福建、台湾、广东、海南、广西、四川、贵州；越南。

目　　名：鞘翅目 Coleoptera

科　　名：叶甲科 Chrysomelidae

中文名称：榆紫叶甲

学　　名：*Ambrostoma quadriimpressum* Motschlsky

识别特征：体长 10.5～11.0 毫米。近椭圆形，鞘翅中央后方较宽，背面呈弧形隆起。前胸背板及鞘翅上有紫红色与金绿色相间的光泽。腹面紫色，有金绿色光泽。头部及 3 对足深紫色，有蓝绿色光泽。复眼及上颚黑色。触角细长，11 节，棕褐色。前胸背板矩形。鞘翅上密被刻点，小盾片平滑。腹部的腹面可见 5 节。

分　　布：北京、河北、黑龙江、吉林、辽宁、内蒙古、贵州。

寄　　主：家榆、黄榆、春榆。

目　　名：鞘翅目 Coleoptera

科　　名：叶甲科 Chrysomelidae

中文名称：中华萝藦叶甲

学　　名：*Chrysochus chinensis* Baly

识别特征：体长 7.2～13.5 毫米，宽 4.2～7.0 毫米。体蓝紫色。触角黑色，末端 5 节无光泽。复眼内侧有 1 条浅狭沟，鞘翅基部 1/4 处有 1 条横沟；爪呈双齿状，1 大 1 小。

分　　布：北京、河北、山西、黑龙江、吉林、辽宁、内蒙古、甘肃、青海、陕西、山东、河南、江苏、浙江、江西；朝鲜、日本、俄罗斯。

寄　　主：萝藦科植物。

目　　名：鞘翅目 Coleoptera

科　　名：叶甲科 Chrysomelidae

中文名称：蒿金叶甲

学　　名：*Chrysolina aurichalcea*
（Mannerheim）

识别特征：体长 6.2 毫米。青铜色或蓝色、紫蓝色；腹面蓝色或蓝紫色；触角第 1、2 节端部和腹面棕黄。触角细长，约为体长之半，第 3 节约为第 2 节长的 2 倍，略长于第 4 节，余节较短，长度约等。前胸背板刻点很密，粗刻点间有极细刻点，侧缘纵隆，隆内凹，以基部较深。

分　　布：北京、河北、东北、甘肃、新疆、陕西、山东、河南、湖北、湖南、福建、广西、四川、贵州、云南。

叶甲科
Chrysomelidae

柳十八斑叶甲
Chrysomela salicivorax Fairmaire

目　　名：鞘翅目 Coleoptera

科　　名：叶甲科 Chrysomelidae

中文名称：柳十八斑叶甲

学　　名：*Chrysomela salicivorax* Fair-
maire

识别特征：体长 8.0 毫米。体长卵形。头部、前胸背板中部、小盾片和腹面蓝黑色；前胸背板两侧、腹部两侧棕黄色；鞘翅棕黄色或草黄色，每翅具 9 个黑蓝色斑，中缝 1 狭条蓝黑色。

分　　布：北京、辽宁、河北、甘肃、陕西、安徽、江西、贵州、四川；朝鲜。

目　　名：鞘翅目 Coleoptera

科　　名：叶甲科 Chrysomelidae

中文名称：杨叶甲

别　　名：杨金花虫、赤杨金花虫、小叶杨金花虫

学　　名：*Chrysomela populi* Linnaeus

识别特征：体长 11 毫米左右，最宽处 6 毫米左右。体呈椭圆形。背面隆起，体蓝黑色或黑色，鞘翅红色或红褐色，具光泽。头部有较密的小刻点，额区具有较明显的"Y"形沟痕。前胸背板侧缘微弧形，前缘内陷。小盾片呈舌状，较光滑。鞘翅沿外缘上翘，近缘有粗刻点 1 行。触角 11 节丝状。

分　　布：华北、东北、西北；日本、朝鲜、俄罗斯、印度、欧洲和非洲。

目　　名：鞘翅目 Coleoptera
科　　名：叶甲科 Chrysomelidae
中文名称：槭隐头叶甲
学　　名：*Cryptocephalus mannerheimi* Gebler
识别特征：体长 6～7.8 毫米。体黑色，鞘翅和前胸背板具黄斑，触角黑色，有时暗红褐色，鞘翅端部有不明显的微细短毛，头顶刻点小且深刻，复眼内缘深刻凹陷。触角第 1 节粗大棒状，第 2 节略显球形，第 3 节为第 2 节的 1.5 倍，末节末端尖细。鞘翅端缘亦为黑色。
分　　布：北京、河北、黑龙江、辽宁、内蒙古、山西、甘肃；朝鲜、日本、俄罗斯。

叶甲科
Chrysomelidae

阔胫萤叶甲
Pallasiola absinthii Pallas

目　　名：鞘翅目 Coleoptera
科　　名：叶甲科 Chrysomelidae
中文名称：阔胫萤叶甲
学　　名：*Pallasiola absinthii* Pallas
识别特征：体长 6～8 毫米，体全身被毛，黄褐色，头的后半部，触角，中胸腹板和腹部两侧、小盾片及翅缝黑色，前胸背板中央夹一黑色横

斑，鞘翅上的脊黑色，足大部分黄褐色，鞘翅肩角瘤状突起，末翅 3 条纵脊，翅面刻点粗密，足粗壮。
分　　布：北京、河北、山西、黑龙江、吉林、辽宁、内蒙古、甘肃、新疆、陕西、四川、云南、西藏；吉尔吉斯斯坦、蒙古、俄罗斯。

目　　名：鞘翅目 Coleoptera
科　　名：叶甲科 Chrysomelidae
中文名称：十星瓢萤叶甲
别　　名：葡萄十星叶甲、葡萄金花虫
学　　名：*Oides decempunctata* Billberg

识别特征：体长约 12 毫米，椭圆形，土黄色。头小隐于前胸下；复眼黑色；触角淡黄色丝状，末端 3 节及第 4 节端部黑褐色；前胸背板及鞘翅上布有细点刻，鞘翅宽大，共有黑色圆斑 10 个略呈 3 横列。足淡黄色，前足小，中、后足大。后胸及第 1~4 腹节的腹板两侧各具近圆形黑点 1 个。成虫会分泌一种黄色液体，有恶臭，借以逃避敌害。

分　　布：北京、河北、山西、吉林、陕西、甘肃、山东、河南、江苏、安徽、浙江、福建、广东、海南、广西、四川、贵州；朝鲜、越南。

目　　名：鞘翅目 Coleoptera

科　　名：叶甲科 Chrysomelidae

中文名称：黄栌胫跳甲

别　　名：黄点直缘跳甲、黄斑直缘跳甲

学　　名：*Ophrida xanthospilota* Baly

识别特征：雌虫体长 7.5 ~ 8.5 毫米，雄虫 5.8 ~ 7.1 毫米，长椭圆形，体浅棕黄色，背面凸起，触角丝状，浅棕色，11 节。复眼大，卵圆形，呈黑色。前胸背板呈梯形，鞘翅略带黄色，翅面发亮，2 翅上均有刻点。

分　　布：北京、河北、甘肃、江苏。

寄　　主：黄栌。

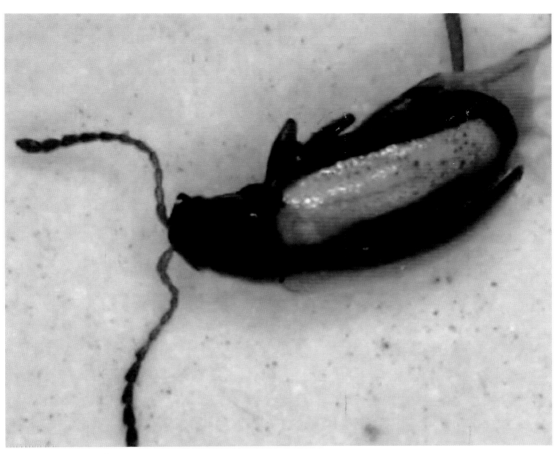

目　　名：鞘翅目 Coleoptera

科　　名：叶甲科 Chrysomelidae

中文名称：双曲条跳甲

别　　名：菜蚤子、土跳蚤、黄跳蚤、狗虱虫

学　　名：*Phyllotreta striolata* Fabricius

识别特征：成虫体长约 2 毫米，长椭圆形，黑色有光泽，前胸背板及鞘翅上有许多刻点，排成纵行。鞘翅中央有一黄色纵条，两端大，中部狭而弯曲，后足腿节膨大、擅跳。

分　　布：北京、河北、山西、黑龙江、内蒙古、甘肃、山东、江苏、广东。

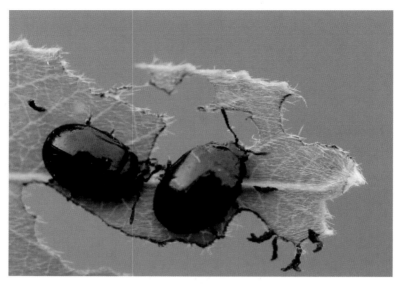

目　　名：鞘翅目 Coleoptera

科　　名：叶甲科 Chrysomelidae

中文名称：柳蓝叶甲

别　　名：柳圆叶甲、柳树金花虫、橙胸斜缘叶甲

学　　名：*Plagiodera versicolora* Laicharting

识别特征：体长4毫米左右，近圆形，深蓝色，具金属光泽，头部横阔，触角6节。基部细小，余各节粗大，褐色至深褐色，上生细毛；前胸背板横阔光滑。鞘翅上密生略成行列的细点刻，体腹面、足色较深具光泽。

分　　布：北京、河北、山西、黑龙江、吉林、辽宁、内蒙古、甘肃、宁夏、陕西、山东、江苏、河南、湖北、安徽、浙江、贵州、四川、云南。

目　　名：鞘翅目 Coleoptera

科　　名：叶甲科 Chrysomelidae

中文名称：榆绿萤叶甲

别　　名：榆绿金花虫，榆蓝金花虫，榆叶甲

学　　名：*Pyrrhalta aenescens* Fairmaire

识别特征：体长 7~8.5 毫米。近长方形，黄褐色，鞘翅绿色，有金属光泽，全体密被柔毛及刺突。头部小，头顶有 1 个钝三角形黑斑，复眼大、黑色、半球状。前胸背板宽度为其长的 2 倍。小盾片黑色。鞘翅两侧近平行，表面具不规则纵隆线，刻点细密。

分　　布：北京、河北、山西、吉林、内蒙古、甘肃、山东、陕西、河南、江苏、台湾。

寄　　主：榆树。

目　　名：鞘翅目 Coleoptera

科　　名：叶甲科 Chrysomelidae

中文名称：榆黄叶甲

学　　名：*Pyrrhalta maculicollis* Motschulsky

识别特征：体长 6.5~7.5 毫米，宽 3~4 毫米，近长方形，棕黄色至深棕色，头顶中央具一桃形黑色斑纹。触角大部、头顶斑点、前胸背板 3 条纵斑纹、中间的条纹、小盾片、肩部、后胸腹板以及腹节两侧均呈黑褐色或黑色。触角短，不及体长之半。鞘翅上具密刻点。

分　　布：北京、河北、河南、江苏、山东、山西、甘肃、内蒙古等。

寄　　主：榆树。

叶甲科
Chrysomelidae

目　　名：鞘翅目 Coleoptera
科　　名：叶甲科 Chrysomelidae
中文名称：梨光叶甲
学　　名：*Smaragdina semiaurantiaca* Fairmaire

识别特征：成虫体长 4.5～5 毫米，长方形，两侧平行。蓝绿色，有金属光泽。头和体腹面被银白色毛。头小，密布刻点和白色短毛。刻点间隆起成斜皱纹，顶中央具浅纵沟。前胸背板黄褐色，横宽，隆突。光滑。侧缘弧形，后角尖锐，鞘翅两侧平行。刻点粗密无序，腹面密被白色短毛。

分　　布：北京、河北、山东、东北地区。

卷象科
Attelabidae

目　　名：鞘翅目 Coleoptera
科　　名：卷象科 Attelabidae
中文名称：桦绿卷叶象
学　　名：*Byctiscus betulae* Linnaeus

识别特征：成虫体色 2 种，青蓝色；豆绿色。均带紫色光泽，全体被稀疏短绒毛，雄虫前胸两侧各有伸向前方的尖锐刺 1 个，卵椭圆形，乳白色。幼虫体乳白色，弯曲呈"C"形，蛹体乳白至黄褐色。

分　　布：北京、河南、东北地区。
寄　　主：杨、桦、梨、苹果、山楂。

卷象科
Attelabidae

目　　名：鞘翅目 Coleoptera
科　　名：卷象科 Attelabidae
中文名称：圆斑卷象
学　　名：*Paroplapoderus semi-annulatus* Jekel

识别特征：体长约8毫米，体橙黄色，足颜色略浅，头及前胸背板具黑色斑纹，鞘翅具黑色圆斑，圆斑处略凸起，头短切圆，触角短，端部膨大，鞘翅肩部隆起。

分　　布：北京、河北、东北地区。

象甲科
Curculionidae

目　　名：鞘翅目 Coleoptera
科　　名：象甲科 Curculionidae
中文名称：隆脊绿象
学　　名：*Chlorophanus lineolus* Mot-sulschy

识别特征：体长6.5~8毫米，雌虫较大，体绿色或粉绿色，鞘翅具刻点呈纵向排列，条纹明显，栖息低矮的树林，隐秘性高。

分　　布：北京、河北、山西、黑龙江、内蒙古、吉林、辽宁、山东、河南、安徽、江西、江苏、浙江、湖北、湖南、广东、广西、云南、四川、陕西、宁夏、甘肃、台湾。

寄　　主：栎、杨、柳、榆、苹果。

目　　名：鞘翅目 Coleoptera

科　　名：象甲科 Curculionidae

中文名称：赵氏瘿孔象

学　　名：*Coccotorus chaoi* Chen

识别特征：雄虫体长 5.8 ~ 6.7 毫米，雌虫体长 6.7 ~ 7.4 毫米，体红褐色至灰黑色，头、中后胸腹面多为黑色，密覆灰色或黄褐色针状毛。触角赤褐色，11节，小盾片舌形。

分　　布：北京、山东、山西、陕西、福建、湖南、广东、四川、西藏。

寄　　主：小叶朴。

目　　名：鞘翅目 Coleoptera

科　　名：象甲科 Curculionidae

中文名称：短带长毛象

学　　名：*Enaptorrhinus convexiusculus* Herer

识别特征：雄虫体长 8.6 ~ 10.2 毫米，雌虫 8 ~ 10.5 毫米。体黑色，雄虫被闪玫瑰色光的白鳞片，雌虫白鳞片不闪光。触角较短，前胸长大于宽，中部最宽，中沟细。鞘翅较扁平，鳞片稀，翅坡上的长毛黄至黑褐色，雄虫后足胫节长毛黄色。

分　　布：北京、河北、山东、辽宁、安徽。

目　　名：鞘翅目 Coleoptera

科　　名：象甲科 Curculionidae

中文名称：松树皮象

别　　名：松大象鼻虫

学　　名：*Hylobius haroldi* Faust

识别特征：体长 6.3 ~ 9.5 毫米。体壁褐至黑褐色，略发光。前胸背板两侧中间以后各有 2 个斑点，小盾片前有 1 个斑点，鞘翅中间前后各有 1 条横带，横带之间通常具 "X" 形条纹，端部具 2 ~ 3 个斑点，眼的上面各有 1 小斑，这些斑点和带都由

或深或浅的黄色针状鳞片构成。触角柄节长达眼。小盾片近乎三角形。鞘翅行纹显著，刻点长方形。腿节具齿，胫节的内缘被覆毛。身体腹面刻点粗，腹板两侧的毛密得多，前、中足基节间突起的毛略较密。

分　　布：北京、河北、山西、黑龙江、吉林、辽宁、陕西、四川、云南。

目　　名：鞘翅目 Coleoptera

科　　名：象甲科 Curculionidae

中文名称：臭椿沟眶象

学　　名：*Eucryptorrhynchus brandti* Harold

识别特征：体长 11.5 毫米左右，宽 4.6 毫米左右。体黑色。额部窄，中间无凹窝；头部布有小刻点；前胸背板和鞘翅上密布粗大刻点；前胸前窄后宽。前胸背板、鞘翅肩部及端部布有白色鳞片形成的大斑，稀疏掺杂红黄色鳞片。

分　　布：北京、山东、东北、河北、山西、河南、江苏、四川。

寄　　主：臭椿和千头椿。

目　　名：鞘翅目 Coleoptera

科　　名：象甲科 Curculionidae

中文名称：简喙象

学　　名：*Lixus* sp.

识别特征：体长 7 ~ 15 毫米，体壁棕褐色至黑色，全身被细毛和黄色，红褐色或灰色粉末，喙长圆桶形，触角沟位于喙中间或之前，复眼长椭圆形，前胸筒状，两侧前缘的纤毛位于下面，鞘翅细长，略呈圆筒状。

分　　布：北京。

目　　名：鞘翅目 Coleoptera

科　　名：象甲科 Curculionidae

中文名称：大球胸象

学　　名：*Piazomias validus* Motschulsky

识别特征：体长 8.8 ~ 11 毫米，体黑色，被淡绿色和白色鳞片，夹杂有金黄色鳞片，鞘翅鳞片较密，头、胸、腹、足鳞片较密。喙短粗，触角细长，雄虫前胸膨大成球状，雌虫略膨大，小盾片不发达，鞘翅卵形，腹板 3 ~ 5 节被白毛。

分　　布：北京、河北、山西、河南、陕西、山东、安徽、江西。

目　　名：鞘翅目 Coleoptera

科　　名：象甲科 Curculionidae

中文名称：杨潜叶跳象

种　　名：*Rhynchaenu sempopulifolis* Chen

识别特征：体长 2.3～2.7 毫米，近椭圆形，密生黄褐色纤毛，触角、足为浅黄褐色。头密布刻点，眼大，占据头部的大部分面积。触角锤状。前胸宽为长的 2 倍，前、后缘的中间略向后弯，小盾片近三角形，生有鞘翅微白纤毛，每鞘翅有 10 条纵隆线，后足腿节比前中足腿节粗得多，内缘无齿突和距，外缘十分隆突，长为宽的 2.3 倍，爪有附齿。

分　　布：北京、河北、山西、辽宁、山东、甘肃、内蒙古。

目　　名：鞘翅目 Coleoptera

科　　名：象甲科 Curculionidae

中文名称：纵坑切梢小蠹

学　　名：*Tomicus piniperda* Linnaeus

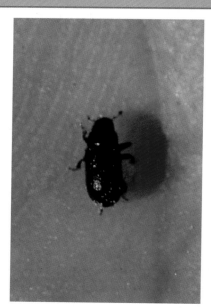

识别特征：体长 3.4～5.0 毫米。头部、前胸背板黑色，鞘翅黑褐色有强光泽。眼长椭圆形。触角锤状部 3 节，椭圆形。额部略隆起。前胸背板长度与背板基部宽度之比为 0.8。鞘翅长度为前胸背板长度的 2.6 倍，为两翅合宽的 1.8 倍。刻点沟凹陷，沟内刻点圆大，点心无毛；沟间部宽阔，翅中部以后沟间部出现小颗瘤，排成一纵列；沟间部的刻点中心生短毛；沟间部的小颗瘤后面各伴生一刚毛，挺直竖立，持续地排至翅端。斜面第 2 沟间部凹陷，其表面平坦，没有颗瘤和竖毛。

分　　布：北京、河北、辽宁、河南、陕西、江苏、浙江、湖南、四川、云南；日本、朝鲜、蒙古、前苏联地区。

目　　名：鞘翅目 Coleoptera

科　　名：象甲科 Curculionidae

中文名称：北京灰象

学　　名：*Sympiezomias herzi* Faust

识别特征：体长 6.5 ~ 8.8 毫米，卵形，黑色，覆盖白色和褐色鳞片。前胸中间和两侧形成 3 条褐色纵纹，常在鞘翅基部中间形成长方形斑纹。鞘翅中间有 1 条白色横带，横带前后、两侧散布褐色云斑。喙短，长宽相近。触角柄节短。无小盾片。

分　　布：北京、河北、黑龙江、吉林、山西、山东；日本、朝鲜。

双翅目
Diptera

目　　名：双翅目 Diptera

科　　名：大蚊科 Tipulidae

中文名称：短柄大蚊

学　　名：*Nephrotoma scalaris*（Meigen）

识别特征：体长 16 ~ 23 毫米，橘黄色，中胸前盾片具有 3 个黑色纵斑。中斑前端有 1 个淡褐色楔形纹，侧斑前端明显外弯。

分　　布：北京、山西、黑龙江、云南、四川、甘肃；俄罗斯、蒙古、阿富汗、伊朗、土耳其。

目　　名：双翅目 Diptera

科　　名：毛蚊科 Bibionidae

中文名称：红腹毛蚊

学　　名：*Bibio rufiventris*（Duda）

识别特征：雄虫体长 9～12 毫米，翅长 7～9 毫米。体色多棕黑色长毛，触角 10 节，喙短；胸部肩胛棕色，中胸背板后侧缘略带棕色，足仅前足胫端刺和距棕色。端距短小，为端刺的 1/2。中后足腿节明显加粗，基跗节宽为胫节的 1/3。翅棕褐色，脉暗棕色，前缘者更暗。雌虫体长 7～9.5 毫米，翅长 7.5～10.5 毫米。头长而复眼小；胸部除小盾片黑色外，背板棕黄，侧板黑色；腹部棕黄，仅第 1 背板黑色。

分　　布：北京、内蒙古、黑龙江、福建、陕西；朝鲜、日本。

虻科
Tabanidae

目　　名：双翅目 Diptera

科　　名：虻科 Tabanidae

中文名称：牛虻

学　　名：*Tabanus* sp.

识别特征：头大，半球形或略带三角形。复眼很大，绿色，常有金属闪光，有 2 条褐色带；触角基部 2 节分明，端部 3 ~ 8 节愈合成角状。翅大透明。足胫节基部白色，其余黑色。腹节中部有浅黄色三角形斑，后缘有浅黄色窄带。

分　　布：北京。

蜂虻科
Bombylidae

浅翅斑蜂虻
Hemipenthes velutina（Meigen）

目　　名：双翅目 Diptera

科　　名：蜂虻科 Bombylidae

中文名称：浅翅斑蜂虻

学　　名：*Hemipenthes velutina*（Meigen）

识别特征：体长 8 ~ 9 毫米，黑色，胸部被有黑色和黄色毛。前翅基半部黑色，端半部透明。雄虫第 4、7 腹节被有白色毛，雌虫第 1 腹节被有白色毛。

分　　布：北京、内蒙古、陕西、宁夏、青海、新疆、山东、江苏；蒙古、俄罗斯、中亚至欧洲。

目　　名：双翅目 Diptera

科　　名：食虫虻科 Asilidae

中文名称：中华单羽食虫虻

别　　名：中华盗虻

学　　名：*Cophinopoda chinensis* Fabricius

识别特征：大型。体长 20 ~ 28 毫米，黄色至赤褐色；触角黄至黄褐色，第 3 节黑色；胸背中央成对的暗褐色纵纹和斑，翅淡黄褐色，足黑色，胫节黄色；腹部黄褐色，雄暗褐色。

分　　布：北京、河北、东北、河南、山西、陕西、山东、云南、福建、福州、广东、四川、宁夏；日本、朝鲜。

目　　名：双翅目 Diptera
科　　名：食蚜蝇科 Syrphidae
中文名称：黑带食蚜蝇
学　　名：*Episyrphus balteata* De Geer

识别特征：雌虫：体长 7 ~ 11 毫米。头黑色，被黑色短毛，头顶宽约为头宽的 1/7，单眼区后方密覆黄粉。额大部分黑色覆黄粉，被较长黑毛，端部 1/4 左右处黄色。腹部第 5 节背片近端部有一长短不定的黑横带，其中央可前伸或与近基部的黑斑相连。雄虫：头黑色，覆黄粉，被棕黄毛，头顶呈狭长三角形。额前端有 1 对黑斑。触角橘红色，第 3 节背面黑色。面部黄色，颊大部分黑色，被黄毛。中胸盾片黑色，中央有 1 条狭长灰纹。两侧的灰纵纹更宽，在背板后端汇合。足黄色。腹部第 2 节最宽。侧缘无隆脊。

分　　布：北京、河北、黑龙江、内蒙古、辽宁、湖北、上海、江苏、浙江、江西、广西、云南、西藏、广东、福建。

食蚜蝇科
Syrphidae

目　　名：双翅目 Diptera

科　　名：食蚜蝇科 Syrphidae

中文名称：灰带食蚜蝇

学　　名：*Eristalis cerealis* Fabricius

识别特征：体长 11～13 毫米。头顶黑色三角，被暗棕色毛，额黑色。毛黄白色 1 颊覆灰白色粉被；复眼被毛，雄虫眼上部小眼面稍大，棕色毛长而密；触角黑色；芒基部羽状。胸部黑褐色，薄具淡色粉被；中胸背板正中具灰白粉被纵条。前、后缘各具较狭及较宽横带，肩胛灰色；小盾片黄色。密被黄白色或棕黄色长毛。足黑色。腿节末端、胫节基半部及前足跗节基部黄色到棕黄色。腹部棕黄色到红黄色。

分　　布：北京、河北、内蒙古、江苏、浙江、江西、广东、福建、四川、甘肃、新疆、西藏；朝鲜、日本、欧洲。

食蚜蝇科
Syrphidae

目　　名：双翅目 Diptera

科　　名：食蚜蝇科 Syrphidae

中文名称：长尾管蚜蝇

学　　名：*Eristalis tenax* Linnaeus

识别特征：体长 12.5～15 毫米。头顶被黑毛；额黑色，具黑毛；额与颜覆黄白色粉被，颜正中有亮黑纵条，中突明显；雌虫额宽近于头宽的 1/3。亮黑色；复眼被棕色短毛，中间具 2 条由棕色长毛紧密排列而成的纵条；触角暗棕色至黑色；芒裸。中胸背板全黑。被棕色短毛；小盾片黄色或黄棕色。足大部分黑色，膝部及前足胫节基部 1/3、中足胫节基半部黄色。

分　　布：北京、河北、江苏、湖北、浙江、湖南、广东、福建、甘肃、宁夏、四川、云南、西藏。

目　　名：双翅目 Diptera
科　　名：食蚜蝇科 Syrphidae
中文名称：大灰食蚜蝇
学　　名：*Syrphus corollae* Fabricius
识别特征：大灰食蚜蝇成虫体长 9 ~ 10 毫米。眼裸。腹部黄斑 3 对。头部除头顶区和颜正中棕黑色外，大部均棕黄色，额与头顶被黑短毛，颜被黄毛触角第 3 节棕褐到黑褐色，仅基部下缘色略淡。小盾片棕黄色，毛同色，有时混以少数黑毛。足大部棕黄色。腹部两侧具边，底色黑。

分　　布：北京、河北、河南、上海、江苏、浙江、福建、云南、甘肃；日本、印度、马来西亚。

丽蝇科
Calliphoridae

红头丽蝇
Calliphora vicina Robineall

目　　名：双翅目 Diptera
科　　名：丽蝇科 Calliphoridae
中文名称：红头丽蝇
学　　名：*Calliphora vicina* Robineall
识别特征：成虫体长 6 ~ 13 毫米，多呈蓝色，不十分光亮。体表粉被较密，尤以胸部为甚。雄性眼离生。额最狭处约与触角第 3 节等宽或稍宽。主要特征为额前方大部橙色到红

棕色，具黑毛，在口缘处几乎全部红棕色；触角第 3 节为第 2 节长的 4 倍左右；前气门黄色或橙色；上、下腋瓣淡褐色；前缘基鳞黄褐或褐黑色。

分　　布：北京、河北、江西、湖南、四川、云南、西藏、海南；日本、蒙古、俄罗斯、印度。

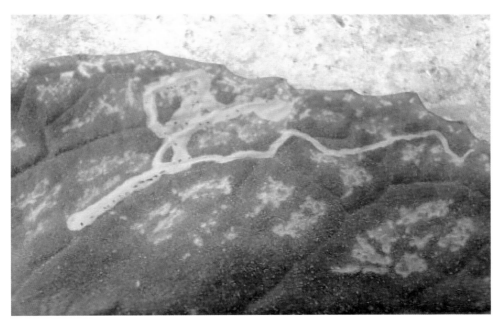

目　　名：双翅目 Diptera

科　　名：潜蝇科 Agromyzidae

中文名称：豌豆彩潜蝇

别　　名：豌豆植潜蝇

学　　名：*Chromatomyia horticola* Goureau

识别特征：成虫体长 2～3 毫米，翅展 5～7 毫米，暗灰色。头部黄色，短而宽。复眼椭圆形，红褐色。触角 3 节，短小，黑色。胸部发达，翅 1 对，透明，有紫色闪光。后翅退化为平衡棒，黄色至橙黄色。

分　　布：北京、河北、东北、福建、福州、广东、宁夏。

鳞翅目
Lepidoptera

目　　名：鳞翅目 Lepidoptera

科　　名：长角蛾科 Adelidae

中文名称：大黄长角蛾

学　　名：*Nemophora amurensis*（Alpheraky）

识别特征：翅展 24 毫米左右，雄蛾触角是翅长的 4 倍，雌蛾触角短，略长于前翅。前翅黄色，基半部有许多青灰色纵条，向外是 1 条很宽的黄色横带，横带两侧带有青灰色带光泽的横带，端部约 1/3 处有呈放射状向外排列的青灰色纵条。

分　　布：北京、东北、江西、重庆；日本等。

巢蛾科
Yponomeutidae

目　　名：鳞翅目 Lepidoptera

科　　名：巢蛾科 Yponomeutidae

中文名称：稠李巢蛾

学　　名：*Yponomeuta evonymellus*（Linnaeus）

识别特征：体长 8 毫米，翅展 22～27 毫米。触角白色。下唇须白色，前伸，末端尖。头、胸部白色具丝光，肩片上各有一大黑点，中胸背板上 4 个大黑点。前翅白色具丝光，有 40 多个大黑点，大致排列成 5 纵行，翅中部无明显空白区，近外缘还有较细的黑点 10 多个，大致呈横行排列，缘毛淡灰白色。后翅灰褐，无斑点，缘毛白色。

分　　布：北京、河北、辽宁、吉林、黑龙江、内蒙古、山西；俄罗斯、欧洲地区。

寄　　主：稠李、白花楸、苹果等。

菜蛾科
Plutellidae

目　　名：鳞翅目 Lepidoptera

科　　名：菜蛾科 Plutellidae

中文名称：小菜蛾

学　　名：*Plutella xylostella*（Linnaeus）

识别特征：体长 6～7 毫米，翅展 12～16 毫米。触角丝状，褐色有白纹，静止时向前伸。前后翅细长，缘毛很长，前后翅缘呈黄白色三度曲折的波浪纹，两翅合拢时呈 3 个接连的菱形斑。

分　　布：全国分布；世界分布广泛。

织蛾科
Oecophoridae

目　　名：鳞翅目 Lepidoptera
科　　名：织蛾科 Oecophoridae
中文名称：双线织蛾
学　　名：*Promalactis* sp.

识别特征：翅展约 15 毫米；触角白色和褐色相间；唇须向上及头顶后方伸，灰褐色，端节白色，散生黑褐色鳞片；胸部及前翅橙红或橙黄色，翅中带及外缘红褐色，中带外缘不明显，内侧白纹不达前缘，外侧白纹在中部稍折，其外侧尚有红褐色斑。

分　　布：北京、河北。

织蛾科
Oecophoridae

目　　名：鳞翅目 Lepidoptera
科　　名：织蛾科 Oecophoridae
中文名称：点线锦织蛾
学　　名：*Promalactis suzukiella*（Matsumura，1931）

识别特征：翅展 10 ~ 13 毫米；体及前翅深褐色或黄褐色，颜面银白色，下唇须褐色，第 2 节内侧银白色，第 3 节深褐色，镰刀形，向上向后伸；前翅基半部有 2 条平行的银白色斜横带，翅前缘的 4/5 处有另 1 条与前 2 条横带不平行的横带，横带外围有深褐色鳞片。

分　　布：北京、陕西、甘肃、天津、河北、河南、浙江、安徽、江西、福建、台湾、湖南、湖北、广东、广西、四川、重庆、贵州、西藏；日本、朝鲜、俄罗斯。

目　　名：鳞翅目 Lepidoptera
科　　名：织蛾科 Oecophoridae
中文名称：桃展足蛾
别　　名：桃举肢蛾
学　　名：*Stathmopoda auriferella*
　　　　　（Walker，1864）

识别特征：翅展 10～15 毫米；触角黄褐色，雄性鞭节具细长的纤毛；唇须细长，上
伸超过头顶；胸背黄毛，具 5 个灰褐色斑纹，斑纹数可减少，或只剩后缘
中央斑；前翅基部 2/5 黄色，翅端 3/5 褐色，端半部前缘具黄斑或无；翅
前缘基部具褐斑，或延伸至翅中部，接近翅外侧的褐色部分。

分　　布：北京、陕西、河北、山西、河南、山东、江苏、上海、浙江、江西、福
建、台湾、香港、四川；日本、朝鲜、俄罗斯、印度、巴基斯坦、澳大
利亚。

寄　　主：桃、苹果、葡萄。

目　　名：鳞翅目 Lepidoptera
科　　名：刺蛾科 Limacodidae
中文名称：褐边绿刺蛾
学　　名：*Parasa consocia*（Walker）
识别特征：翅展 28～40 毫米；头胸背面绿色，胸部
中央具黄褐色斑点，或呈纵条，腹部淡
黄色；前翅绿色，翅基具褐色或黄褐色
斑，翅外缘具浅黄色宽带，带内翅脉及
内缘褐色；后翅淡黄色，外缘稍带褐色。

分　　布：北京、河北、内蒙古、宁夏、甘肃、青
海、新疆、西藏；日本、朝鲜、俄罗斯。

寄　　主：苹果、梨、杏、桃、樱桃、栗、核桃、栎等。

目　　名：鳞翅目 Lepidoptera

科　　名：刺蛾科 Limacodidae

中文名称：黄刺蛾

学　　名：*Cnidocampa flavescens*（Walker）

识别特征：体长 8～14 毫米，翅展 26～34 毫米。触角线状，下唇须褐色弯过头顶。头、胸背白色。前翅内半部黄色，外半部黄褐色，有 2 条暗褐色斜线，自顶角分开向后缘延伸，内面 1 条稍外曲，伸达臀角前方，横脉纹为一暗褐点，中室中央下方 2A 脉上有时也有一模糊暗点。后翅黄褐色无斑，缘毛褐色。腹背黄褐色。

分　　布：北京、河北、内蒙古、山西、黑龙江、辽宁、吉林、河南、山东、陕西、四川、云南、广东、广西、湖南、湖北、江西、安徽、江苏、浙江、台湾；日本、俄罗斯、朝鲜。

寄　　主：苹果、梨、杨、柳、桑、枫、核桃、枣、柿、桃、杏、珍珠梅。

目　　名：鳞翅目 Lepidoptera

科　　名：刺蛾科 Limacodidae

中文名称：中国绿刺蛾

别　　名：中华青尺蛾、绿刺蛾、苹绿刺蛾

学　　名：*Parasa sinica* Moore

识别特征： 体长 9~13 毫米，翅展 21~28 毫米。触角雌蛾线状，雄蛾双栉状。头顶、胸背和前翅绿色。前翅基斑褐色在中室下缘呈角形，前缘有细的黄褐色边，外缘褐色带较窄向内弯，其内缘在 $Cu_1 - Cu_2$ 脉向内凸成锯齿状，缘毛褐色。后翅灰褐色，臀角稍带浅黄褐色，缘毛灰黄。腹背灰褐，末端灰黄色。

分　布： 北京、河北、辽宁、吉林、黑龙江、山东、江苏、浙江、江西、台湾、湖北、贵州、云南；朝鲜、俄罗斯。

寄　主： 杨、柳、刺槐、栎、柿、核桃、栗、梧桐、枫、榆、苹果、梨、李、杏、桃、枣等。

目　　名：鳞翅目 Lepidoptera

科　　名：刺蛾科 Limacodidae

中文名称：扁刺蛾

别　　名：洋黑点刺蛾

学　　名：*Thosea sinensis*（Walker）

识别特征：翅展 28～39 毫米；体灰白色至灰褐色，零星散布褐色鳞毛；前翅褐灰色至浅灰色，散布褐色鳞片，外线褐色，内侧色浅，较深色的个体在中室端具黑褐斑。

分　　布：北京、陕西、甘肃、东北、河北、河南、山东、安徽、江苏、浙江、福建、台湾、湖北、湖南、广东、香港、广西、四川、贵州、云南；朝鲜、越南。

寄　　主：苹果、梨、杏、桃、樱桃、枣、核桃等。

目　　名：鳞翅目 Lepidoptera
科　　名：木蠹蛾科 Cossidae
中文名称：蒙古木蠹蛾
学　　名：*Cossus mongolicus*（Ersohoff）

识别特征：体长 28~36 毫米，翅展 62~84 毫米。雌蛾触角均为栉状，栉齿呈单一的片状。体灰褐色，粗壮。头部及颈板黄褐色。胸部暗褐色，后胸两侧带黑色及褐色。前胸暗褐灰色，中区色稍灰白，密布长短的黑色曲纹，有时连成黑线，较显著的有 1 条亚端线和 1 条由前缘 2/3 处伸向臀角的外线，在黑线的旁侧有淡色边；后翅灰褐，也密布黑色线纹，缘毛灰白有间断的褐斑。翅反面有明显的褐色条纹，大部布有黑褐色波曲纹。腹部灰色。足胫节有距。

分　　布：北京、河北、辽宁、吉林、黑龙江、宁夏、陕西、甘肃、山东、江苏；欧洲、中亚、非洲。

寄　　主：杨、柳、榆等。

目　　名：鳞翅目 Lepidoptera
科　　名：木蠹蛾科 Cossidae
中文名称：柳木蠹蛾
学　　名：*Holcocerus vicarius*（Walker）

识别特征：体长 28~33 毫米；翅展 65~78 毫米。全体暗褐灰色，触角线状，稍扁；前翅基半部色较暗，有不完整的波曲黑横纹，外区有一黑色不规则弯曲横线，亚端区有一黑色横线，其中段稍直；后翅色较匀，有不明显的暗褐色横纹。

分　　布：北京、河北、山东、江苏、台湾；朝鲜、日本。

寄　　主：柳、杨、栎、苹果等。

木蠹蛾科
Cossidae

目　　名：鳞翅目 Lepidoptera
科　　名：木蠹蛾科 Cossidae
中文名称：多斑豹蠹蛾
别　　名：木麻黄豹蠹蛾
学　　名：*Zeuzera multistrigata*（Moore）

识别特征：翅展 41~68 毫米；体白色，具黑色或蓝黑斑；触角雌蛾丝状，雄蛾基半部双栉齿状；胸背具 6 个黑斑点，第 1 腹节背面具左右 1 对黑斑，不相连；其余腹背具一黑横带；前翅具许多闪蓝光的黑斑点。

分　　布：北京、陕西、辽宁、上海、浙江、江西、湖北、广西、四川、贵州、云南；日本、缅甸、印度、孟加拉国。

寄　　主：核桃、枣、山楂、杨。

卷蛾科
Tortricidae

黄斑长翅卷蛾
Acleris fimbriana Thunberg

目　　名：鳞翅目 Lepidoptera
科　　名：卷蛾科 Tortricidae
中文名称：黄斑长翅卷蛾
别　　名：黄斑卷叶蛾、桃黄斑卷蛾
学　　名：*Acleris fimbriana* Thunberg

识别特征：体长约 8 毫米，翅展 18 毫米左右，体色有夏、冬二型之分。夏型成虫头胸和前翅金黄色，翅面有银白鳞片，后翅灰白色。冬型成虫头胸和前翅深灰或褐色，翅面有黑色的鳞片。

分　　布：北京、河北、辽宁、山西、山东、河南、陕西、甘肃；日本、俄罗斯、欧洲。

目　　名：鳞翅目 Lepidoptera

科　　名：卷蛾科 Tortricidae

中文名称：梨黄卷蛾

别　　名：短褶卷叶蛾

学　　名：*Archips breviplicana*（Walsingham）

识别特征：体长约 11 毫米，雄蛾翅展 17～25 毫米，雌蛾翅展 22～30 毫米。下唇须上翘。腹部第 2、3 节背面各有 1 对背穴。前翅底色为淡赭色，各斑及网状线深褐色（雌）或紫褐色（雄），网状纹明显，中带下半色浅；端纹大，外缘上半部缘毛色深。前翅前缘近顶角处下凹，雌虫前翅顶角凸出更明显。后翅浅灰褐色，顶角附近正反面均为淡黄色，雌虫的黄色区尤为明显。

分　　布：北京、河北、辽宁、吉林、黑龙江；俄罗斯、朝鲜、日本。

寄　　主：梨、苹果、赤杨、桑、大豆等。

卷蛾科
Tortricidae

草小卷蛾
Celypha flavipalpana（Herrich – Schaffer）

目　　名：鳞翅目 Lepidoptera

科　　名：卷蛾科 Tortricidae

中文名称：草小卷蛾

学　　名：*Celypha flavipalpana*（Herrich – Schaffer）

识别特征：头浅黄褐色，头顶褐色；胸背及前翅有杂色的斑纹，翅近中部有 1 条较宽的白色横带，带内可见不连续的黑褐细纹；翅顶角处具对白色钩状纹，其中基部的对斜伸向翅外缘中部。

分　　布：北京、陕西、甘肃、宁夏、青海、新疆、内蒙古、黑龙江、吉林、河北、天津、河南、山东、浙江、安徽、湖北、湖南、四川、贵州；日本、朝鲜、俄罗斯、蒙古、欧洲。

目　　名：鳞翅目 Lepidoptera
科　　名：卷蛾科 Tortricidae
中文名称：长褐卷蛾
学　　名：*Pandemis emptycta*（Meyrick）

识别特征：雄蛾翅展 21.5 ~ 23.5 毫米；额被白鳞。头顶被灰褐色粗糙鳞片；下唇须外侧灰褐色，内侧白色；触角白色，腹面浅褐色；前翅宽阔，顶角近直角，基斑大，中部后半部略宽于前部，亚端纹小；前缘褶细长，伸达翅中部之后。

分　　布：北京、陕西、甘肃、宁夏、河北、河南、湖北、四川、贵州。

目　　名：鳞翅目 Lepidoptera
科　　名：螟蛾科 Pyralidae
中文名称：二点织螟
学　　名：*Aphomia zelleri*（Joannis）
识别特征：雄蛾翅展 18 ~ 19 毫米，雌蛾 29 ~ 31 毫米；头、胸部灰白至灰褐；前翅灰白色，前缘红灰褐色，中室中部及中室端各有一圆形暗褐斑。

分　　布：北京、陕西、青海、宁夏、新疆、内蒙古、吉林、天津、河北、河南、湖北、广东、四川；日本、朝鲜、斯里兰卡、欧洲。

目　　名：鳞翅目 Lepidoptera

科　　名：螟蛾科 Pyralidae

中文名称：库式歧角螟

学　　名：*Endotricha kuznetzovi*　Whalley

识别特征：翅展 18～22 毫米；体背及翅砖红色，胸部有时黄色；前翅前缘黑褐色，具许多小白斑；翅中具黄白色宽带，不达前缘，外角处另有 1 个黄白斑；亚外缘线较直，明显；外缘具间断的黑色缘线；后翅与前翅相似，但并无外缘线。

分　　布：北京、黑龙江、河北、福建；日本、朝鲜、俄罗斯。

螟蛾科
Pyralidae

榄绿歧角螟
Endotricha olivacealis(Bremer)

目　　名：鳞翅目 Lepidoptera

科　　名：螟蛾科 Pyralidae

中文名称：榄绿歧角螟

学　　名：*Endotricha olivacealis*（Bremer）

识别特征：翅展 17～23 毫米；体背黄色，具茄红色鳞片；前翅茄红色，前缘黑褐色具黄色斑点；中域具黄色宽带（或不显），伸达前缘；中室端斑黑褐色，月牙形；具亚外缘线和外缘线；缘毛黄色，但顶角处及中部黑褐色带茄红色。

分　　布：北京、陕西、甘肃、河北、天津、河南、山东、安徽、浙江、福建、江西、台湾、湖北、湖南、广东、广西、海南、四川、贵州、云南、西藏；日本、朝鲜、俄罗斯、缅甸、尼泊尔、印度、印度尼西亚。

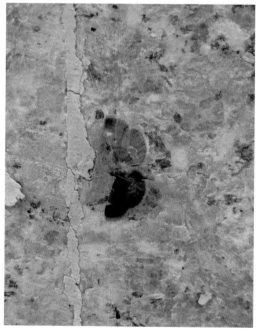

目　　名：鳞翅目 Lepidoptera

科　　名：螟蛾科 Pyralidae

中文名称：褐巢螟

学　　名：*Hypsopygia regina*（Butler）

识别特征：翅展 15 ~ 20 毫米；体背及前翅紫褐色，下唇须向上伸；前翅内外横线橘黄色，波状，外横线前缘具较大橘黄斑，中域前缘具 1 列黑点；后翅紫红色；前后翅缘毛金黄色，基部紫红色。

分　　布：北京、河北、陕西、甘肃、内蒙古、河南、浙江、江西、福建、台湾、湖北、湖南、广东、广西、海南、四川、贵州、云南；日本、泰国、不丹、印度、斯里兰卡。

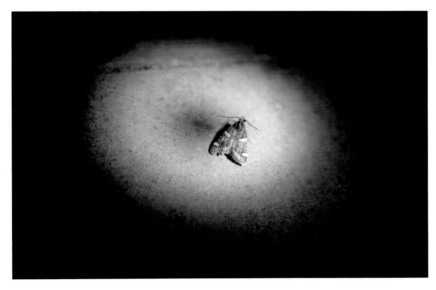

目　　名： 鳞翅目 Lepidoptera

科　　名： 蟆蛾科 Pyralidae

中文名称： 金黄蟆

学　　名： *Pyralis ragalis* Denis et Schiffermuller

识别特征： 翅展 16～22 毫米；额和头顶金黄色；前翅端部和基部紫褐色，中域黄金色，前缘两白斑之间具 1 列小白点。

分　　布： 北京、陕西、甘肃、内蒙古、东北、天津、河北、山西、河南、山东、浙江、江西、福建、台湾、湖北、湖南、广东、广西、海南、四川、贵州、云南；日本、朝鲜、俄罗斯、印度、欧洲。

目　　名：鳞翅目 Lepidoptera
科　　名：草螟科 Crambidae
中文名称：元参棘趾野螟
学　　名：*Anania verbascalis* （Denis et Schiffermüller）

识别特征：翅展 20～22 毫米；前翅内线在中后部曲折，外线前半部钩形，后稍波形深达后缘；中室斑点形，中室端斑条状，其外侧常常具云状不规则黑褐色纹；亚缘线锯齿形，有时亚缘线以外黑褐色，可见黄色的窗形纹；缘毛白色，基小部或大部黑褐色。

分　　布：北京、陕西、青海、天津、河北、山西、河南、江苏、安徽、福建、湖南、广东、四川、贵州、云南；日本、朝鲜、俄罗斯、印度、斯里兰卡、西亚、欧洲。

草螟科
Crambidae

桃蛀螟
Conogethes punctiferalis（Guenée）

目　　名：鳞翅目 Lepidoptera
科　　名：草螟科 Crambidae
中文名称：桃蛀螟
别　　名：桃斑螟、桃蛀心虫、桃蛀野螟
学　　名：*Conogethes punctiferalis*（Guenée）

识别特征：翅展 20～29 毫米；黄色，胸腹部背面具黑斑，腹末 2 节无斑，有时黑斑减少；前后翅均具有众多黑斑。

分　　布：北京、陕西、甘肃、辽宁、天津、河北、山西、河南、山东、江苏、安徽、浙江、江西、福建、台湾、湖北、湖南、广东、广西、四川、云南、贵州、西藏；日本、朝鲜、印度尼西亚、印度、斯里兰卡。

寄　　主：桃、苹果、板栗、棉、向日葵。

目　　名：鳞翅目 Lepidoptera

科　　名：草蟆科 Crambidae

中文名称：四斑绢野蟆

学　　名：*Glyphodes quadrimacu-lalis*（Bremer et Grey）

识别特征：翅展 33～37 毫米；体背黑色，两侧白色；前翅黑色，翅中部具 4 个白斑，顶角处的白斑下方由 5 个白点组成纵列，或呈一白色横带伸达翅后缘；后翅白色，外缘具黑色宽带；双翅缘毛黑褐色，后角处缘毛白色。

分　　布：北京、山西、宁夏、东北、河北、天津、河南、山东、浙江、福建、湖北、广东、四川、云南、贵州；朝鲜、日本、俄罗斯。

草蟆科
Crambidae

黑缘梨角野蟆
Goniorhynchus butyrosus（Bulter）

目　　名：鳞翅目 Lepidoptera

科　　名：草蟆科 Crambidae

中文名称：黑缘梨角野蟆

学　　名：*Goniorhynchus butyro-sus*（Bulter）

识别特征：翅展 17～21 毫米；头额部黑色，头顶淡黄色；下唇须黑色，但下侧白色；翅黄色，前翅前缘及外缘黑色，中室内具一黑点，中室端脉上具"K"形黑纹；有时翅面的黑纹变细。

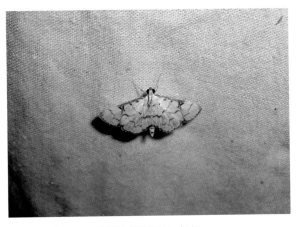

分　　布：北京、江苏、浙江、福建、台湾、湖北、广东、广西、四川、云南；日本。

目　　名：鳞翅目 Lepidoptera
科　　名：草螟科 Crambidae
中文名称：黑斑蚀叶野螟
别　　名：黑斑网脉野螟
学　　名：*Lamprosema sibirialis*
（Milliére）

识别特征：翅展 17～22 毫米；体背及翅淡黄色，具黑褐色斑纹；前翅前缘除横线和翅端黑褐色外黄色，无黑色环纹；前后翅缘毛灰白色，基部黑褐色，但后角处具白色缘毛。

分　　布：北京、黑龙江、河北、湖北、江西、福建、四川、贵州；日本、朝鲜。

草螟科
Crambidae

草地螟
Loxostege sticticalis（Linnaeus）

目　　名：鳞翅目 Lepidoptera
科　　名：草螟科 Crambidae
中文名称：草地螟
别　　名：网锥额野螟、黄缘条螟
学　　名：*Loxostege sticticalis*（Linnaeus）

识别特征：翅展 20～26 毫米，前翅边缘有淡黄色点状条纹，翅中央稍近前缘有 1 处淡黄色斑，有时前翅灰褐色，上述斑纹较小，或不甚明显，并呈灰白色；后翅淡灰褐色，沿外缘有 2 条波状纹。

分　　布：北京、陕西、甘肃、青海、新疆、内蒙古、河北、山西、江苏、四川、西藏；日本、朝鲜、俄罗斯、蒙古、哈萨克斯坦。

目　　名：鳞翅目 Lepidoptera
科　　名：草螟科 Crambidae
中文名称：豆荚野螟
学　　名：*Maruca testulalis*（Fabricius）

识别特征：翅展 22～30 毫米；体背茶褐色；前翅暗褐色，前缘中基部及外缘茶褐色，中室斑白色，透明，下缘常半圆形内凹，中室斑内侧下方具一小白斑，中室斑外侧具一大型透明斑；后翅白色，具不明显的波形横线，外缘暗褐色，钝锯齿形，不达后角；中室具环状斑。

分　　布：北京、陕西、内蒙古、河北、天津、山西、河南、山东、江苏、浙江、福建、台湾、湖北、湖南、广东、广西、海南、四川、贵州、云南；日本、朝鲜、印度、斯里兰卡、非洲、夏威夷。

目　　名：鳞翅目 Lepidoptera
科　　名：草螟科 Crambidae
中文名称：玉米螟
别　　名：亚洲玉米螟、玉米钻心虫
学　　名：*Ostrinia furnacalis*（Guenée）
识别特征：雄蛾体长 10～13 毫米，翅展 20～30 毫米，体背黄褐色，腹末较瘦尖，触角丝状，灰褐色，前翅黄褐色，有 2 条褐色

波状横纹，两纹之间有 2 条黄褐色短纹，后翅灰褐色；雌蛾色较浅，前翅鲜黄色，线纹浅褐色，后翅淡黄褐色，腹部较肥胖。

分　　布：国内分布广泛；日本、朝鲜、俄罗斯、南亚、东南亚至澳大利亚。

枯叶蛾科
Lasiocampidae

目　　名：鳞翅目 Lepidoptera
科　　名：枯叶蛾科 Lasiocampidae
中文名称：李枯叶蛾
学　　名：*Gastropacha quercifolia*（Lin-
　　　　　naeus）

识别特征：翅展 40～84 毫米；体翅黄褐、褐或赤褐色；唇须前伸，长，蓝黑色；前
　　　　　翅外缘和后缘波浪形；前翅具 3 条波状横带，有时不明显，翅外缘户型，
　　　　　呈齿状，缘毛蓝黑色；近中室端具一黑褐点。

分　　布：北京、陕西、青海、甘肃、内蒙古、东北、河北、河南、山东、安徽、江
　　　　　苏、浙江、江西、福建、台湾、湖南、广西；日本、朝鲜、俄罗斯、
　　　　　欧洲。

寄　　主：李、苹果、桃、梨、柳等。

枯叶蛾科
Lasiocampidae

目　　名：鳞翅目 Lepidoptera
科　　名：枯叶蛾科 Lasiocampidae
中文名称：黄斑波纹杂枯叶蛾
别　　名：栎毛虫、花松毛虫、黄波杂毛虫
学　　名：*Kunugia undans fasciatella*（Ménétriés）

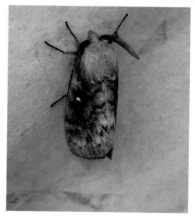

识别特征：翅展 73～90 毫米，雄蛾体长 60～68 毫
　　　　　米。触角双栉状，长度为前翅的 1/4
　　　　　（雌）至 1/3（雄），雄蛾栉支甚短。体色
　　　　　和前翅斑纹变化很大。雄蛾颜色较深，多
呈赤褐色，前翅中室端白色明显，中线至亚端线之间为黄色宽带，外线位
于其内；后翅仅亚端线为断续的黄斑点，雌蛾颜色较淡，灰黄至灰褐不
等，前翅亚端线为 1 列黑褐斑点，4 条横线的弯度和距离多变化，有时内
线与中线之间形成褐色宽带。

分　　布：北京、河北、内蒙古、陕西、四川。

寄　　主：松、栎、榛等。

目　　名：鳞翅目 Lepidoptera
科　　名：枯叶蛾科 Lasiocampidae
中文名称：天幕毛虫
学　　名：*Malacosoma Neustria*（Linnaeus）
识别特征：雄蛾翅展 15～33 毫米，雌蛾翅展 31～46
毫米；雌蛾体翅黄褐色，前翅中央具 2 条
平行的褐色横线，横线间颜色较深；缘毛
白色，部分褐色；后翅中内具 1 条不完整
的褐带，缘毛大部分褐色。雌蛾体翅褐色，
前翅中部两横带的内外侧衬淡黄褐色；后
翅的斑纹不明显。

分　　布：北京、陕西、甘肃、内蒙古、东北、河北、山西、河南、山东、江苏、安
徽、江西、湖北、湖南、四川；日本、朝鲜、俄罗斯至欧洲。
寄　　主：红叶李、苹果、梨、山楂、杏、桃、月季、沙果、杨、榆等。

目　　名：鳞翅目 Lepidoptera
科　　名：枯叶蛾科 Lasiocampidae
中文名称：苹枯叶蛾
别　　名：杏枯叶蛾、苹果枯叶蛾
学　　名：*Odonestis pruni*（Linnaeus）
识别特征：雌蛾翅展 41～64 毫米，雄蛾翅展
37～51 毫米。体翅黄褐至红褐色，
翅外缘褐色、锯齿状。前翅内线、
外线黑褐色，呈弧形；中室白斑清楚，近圆形，外缘黑褐色；亚端线不明
显为淡褐色波状细线；顶角至外缘端半部有淡褐斑。后翅色稍浅，有 2 条
不太明显的深褐色横线纹。

分　　布：北京、河北、山西、内蒙古、辽宁、吉林、黑龙江、湖南；日本、朝鲜及
欧洲。
寄　　主：苹果、李、梅、樱桃、梨等。

目　　名：鳞翅目 Lepidoptera

科　　名：枯叶蛾科 Lasiocampidae

中文名称：东北栎毛虫

学　　名：*Paralebeda femorata* （ Mene-tries，1858）

识别特征：翅展 60~100 毫米；体翅灰褐至赤褐；唇须短粗，前伸；前翅中部具 1 棕色或红棕色大斑，内、外线从大斑伸向翅后缘；亚端线黑色，后半部锯齿形，并在臀角处形成一圆形黑斑，有时亚端线不明显。

分　　布：北京、陕西、甘肃、内蒙古、东北、河北、河南、山东、浙江、江西、台湾、湖北、湖南、广东、广西、四川、贵州、云南；朝鲜、俄罗斯、蒙古、越南、尼泊尔、巴基斯坦、印度。

寄　　主：落叶松、杨、榛、栎、板栗等。

蚕蛾科
Bombycidae

黄波花蚕蛾

Oberthueria caeca（Oberthür）

目　　名：鳞翅目 Lepidoptera

科　　名：蚕蛾科 Bombycidae

中文名称：黄波花蚕蛾

学　　名：*Oberthueria caeca*（Oberthür）

识别特征：翅展 38~41 毫米；体翅黄褐色，前翅顶角向外伸至钩状，外缘前半具弧形内凹；后翅外缘中部外突。

分　　布：北京、陕西、甘肃、黑龙江、辽宁、福建、四川、云南；俄罗斯。

寄　　主：鸡爪枫。

目　　名：鳞翅目 Lepidoptera

科　　名：天蚕蛾科 Saturniidae

中文名称：绿尾大蚕蛾

学　　名：*Actias ningpoana* (C. Felder et R. Felder)

识别特征：翅展 115～126 毫米；翅前缘及胸部具 1 条紫红色横带，带的前缘色浅，后缘色深；前后翅中央横脉处具一眼斑，外半侧淡黄褐色，中间透明，内侧有几条色带组成；眼斑外侧具 1 条或 2 条淡褐色细纹。

分　　布：北京、陕西、甘肃、吉林、辽宁、河北、河南、山东、江苏、浙江、江西、福建、台湾、湖北、湖南、广东、香港、海南、四川、云南、西藏；俄罗斯。

寄　　主：柳、枫杨、栗、火炬树、核桃、苹果、梨等。

天蚕蛾科
Saturniidae

樗蚕
Philosamia cynthia Walker

目　　名：鳞翅目 Lepidoptera
科　　名：天蚕蛾科 Saturniidae
中文名称：樗蚕
别　　名：椿蚕、乌桕樗蚕蛾
学　　名：*Philosamia cynthia* Walker

识别特征：翅展 115～130 毫米。全体青褐色。触角黄褐色。前翅内线白色折角，外线白色，内线外侧和外线内侧镶黑褐色边；内、外线间有一新月形白斑相连，白斑前缘黑褐色，下缘黄色；翅顶宽圆向外突出，突出部分的下方有一黑色眼状斑，斑的上方有灰紫色的大斑。后翅的内线、外线在前缘相接，白色新月形斑只与外线相连。腹部背面、侧面及末端白色。

分　　布：北京、河北、河南、山东、浙江、江西、广东、江苏、四川、辽宁、吉林、黑龙江、福建；日本、美国、法国。

寄　　主：臭椿、冬青、梧桐、悬铃木、核桃、刺槐、花椒、泡桐、蓖麻。

箩纹蛾科
Brahmaeidae

波水蜡蛾
Brahmaea undulata(Bremer et Grey)

目　　名：鳞翅目 Lepidoptera
科　　名：箩纹蛾科 Brahmaeidae
中文名称：波水蜡蛾
学　　名：*Brahmaea undulata* (Bremer et Grey)

识别特征：体长 36～38 毫米，翅展 120～127 毫米。触角黄褐色，体背黑色，头顶在触角间有黄褐色横纹，前胸的前后缘及肩片两侧均有黄褐色狭边。前翅外缘及缘毛灰褐色，有 1 列半圆形斑带；顶角具黑斑；翅中部由翅室内的黑斑组成不整齐的横带，此中带内、外两侧各有 6 条左右的波状黑纹并伴随褐色和白色纹；翅基部黑斑在后缘显著凸伸，较前缘外宽。后翅基半黑色，端半部有 9 条波纹。翅反面斑纹与正面相似，但前翅外缘无半圆形斑带，后翅基部无淡色斑。腹部背面全为黑色，节间无淡色横带。

分　　布：北京、河北。
寄　　主：水蜡、丁香、女贞、桂花等。

目　　名：鳞翅目 Lepidoptera

科　　名：天蛾科 Sphingidae

中文名称：核桃鹰翅天蛾

学　　名：*Ambulyx schauffelbergeri* Bremer et Grey

识别特征：翅展 88 ~ 124 毫米。胸背外缘与后缘深绿褐色，中部黄色。前翅翅面黄色，顶角至后角的端线向内弯曲呈弓形，外缘区深褐色；前翅前缘基部、翅基、中室基部下方各有 1 个黑色圆斑；后翅前缘色浅，中线和外缘线黑色。

分　　布：北京、河北、辽宁、江苏、华南、台湾；朝鲜、韩国、日本。

寄　　主：核桃、槭树科植物。

天蛾科
Sphingiade

葡萄天蛾
Ampelophaga rubiginosa（Bremer et Grey）

目　　名：鳞翅目 Lepidoptera

科　　名：天蛾科 Sphingiade

中文名称：葡萄天蛾

别　　名：葡萄轮纹天蛾、葡萄红线天蛾

学　　名：*Ampelophaga rubiginosa*（Bremer et Grey）

识别特征：体长 31 ~ 43 毫米，翅展 85 ~ 100 毫米。触角线状，背面黄色、腹面棕色。体翅黄褐至棕褐色；体背自头顶至腹末端有灰白色纵线 1 条，腹面色淡，呈红褐色。前翅顶角突出，各横线均为暗茶褐色，内线和中线较粗而弯曲，在翅中部形成 2 条宽的横带，中室端褐纹位于其间，顶角有较宽大的三角形斑 1 个，近外缘有不明显的棕褐色带。后翅黑褐色，外缘及后角附近色稍淡，各有茶褐色横带 1 条，缘毛色稍红。前翅及后翅反面红褐色，各横线黄褐色，前翅基半部黑灰色，外缘红褐色。

分　　布：北京、陕西、宁夏、东北、河北、河南、山东、山西、江苏、浙江、江西、安徽、湖北、湖南、四川、广东、云南、台湾；日本、朝鲜、印度。

寄　　主：葡萄、蛇葡萄、爬山虎、黄荆、乌蔹莓。

目　　名：鳞翅目 Lepidoptera
科　　名：天蛾科 Sphingidae
中文名称：榆绿天蛾
别　　名：榆天蛾、云纹天蛾、云纹榆天蛾
学　　名：*Callambulyx tatarinnovi*（Bremer et Grey）

识别特征：体长 20～30 毫米，翅展 70～80 毫米。头、胸部暗绿色，胸部背面具有墨绿色近菱形斑。前翅粉绿色，翅中部有 1 块略呈三角形侧缘暗绿的绿斑，其内侧连接一小三角形，翅顶角有一三角形暗绿色斑；后翅红色，外缘淡绿，前缘及后缘微白，后角上有深色横条；翅反面黄绿色。腹部粉绿色，每节后缘有棕黄色纹 1 条及白边。

分　　布：北京、陕西、甘肃、宁夏、新疆、内蒙古、辽宁、吉林、黑龙江、河北、山西、河南、山东、上海、浙江、福建、湖北、湖南、四川、西藏；日本、朝鲜、俄罗斯、蒙古。

寄　　主：榆、刺槐、柳。

天蛾科
Sphingiade

平背天蛾
Cechenena minor（Bulter）

目　　名：鳞翅目 Lepidoptera
科　　名：天蛾科 Sphingiade
中文名称：平背天蛾
别　　名：隙天蛾
学　　名：*Cechenena minor*（Bulter）
识别特征：翅展 78～82 毫米；前胸背板中央具一黑点，腹部具灰褐色背线，两侧黄褐色；前翅中室端具一小黑点。

分　　布：北京、陕西、浙江、福建、湖北、湖南、广东、四川、云南、台湾；日本、越南、尼泊尔、泰国、印度。

目　　名：鳞翅目 Lepidoptera

科　　名：天蛾科 Sphingiade

中文名称：红天蛾

别　　名：暗红天蛾、红夕天蛾

学　　名：*Deilephila elpenor lewisi*（But-ler）

识别特征：体长 25～37 毫米，翅展 55～70 毫米。体翅桃红色为主，有红绿色闪光。触角腹面黄色，背面粉红色。头顶、胸背和腹背均有黄绿色纵带，肩片外缘有白边。前翅基部后半黑色，顶角有 3 条黄绿色纵带，2 条伸向后缘，1 条沿前缘伸达翅基，中室端有小白点。后翅红色，靠近基半部黑色。翅反面较鲜艳，前缘黄色。第 1 腹节两侧有黑斑。

分　　布：北京、河北、黑龙江、吉林、江苏、台湾、四川、云南、西藏、新疆；日本、朝鲜、俄罗斯、中亚至欧洲。

目　　名：鳞翅目 Lepidoptera

科　　名：天蛾科 Sphingidae

中文名称：绒星天蛾

别　　名：星绒天蛾

学　　名：*Dolbina tancrei*（Staudinger）

识别特征：翅展 50～80 毫米；体色多变，灰褐色至黑褐色，有时被有绿色鳞片；前翅中室具一明显的白星；腹部腹面中央具黑斑。

分　　布：北京、河北、黑龙江；日本、朝鲜、俄罗斯。

寄　　主：女贞、榛、白蜡等。

天蛾科
Sphingidae

白须天蛾
Kentrochrysalis sieversi（Alphéraky）

目　　名：鳞翅目 Lepidoptera
科　　名：天蛾科 Sphingidae
中文名称：白须天蛾
学　　名：*Kentrochrysalis sieversi*（Alphéraky）

识别特征：体长40毫米，翅展100毫米。下唇须长超过头顶；触角细长，端部弯曲呈钩状，背面灰白色，腹面棕色，近端部有一段黑斑；胸、腹部背面鳞毛长似绒状，胸部背板灰色，后缘有黑、白的斑各1对；腹部背线棕褐色，内线、中线和外线棕黑色锯齿形，中线较宽，中室有一白星；后翅灰褐色，中央有不明显的浅色横带；前、后缘毛呈间断的黑白的横点。

分　　布：北京、黑龙江、河北、浙江、福建、云南、四川；朝鲜、俄罗斯。

天蛾科
Sphingiade

黄脉天蛾
Laothoe amurensis sinica（Rothschild et Jordan，1903）

目　　名：鳞翅目 Lepidoptera
科　　名：天蛾科 Sphingiade
中文名称：黄脉天蛾
学　　名：*Laothoe amurensis sinica*（Rothschild et Jordan，1903）

识别特征：体长33～40毫米，翅展80～90毫米。头及复眼小，头顶及肩板灰褐色，下唇须端节尖，向前伸出；触角腹面黄色，背面黄白色，顶端弯度小，肩板内缘有较浅的灰黄色纵线。前翅灰褐色，翅脉黄色明显，披黄褐色鳞毛，外缘呈宽波状，臀角圆凹，斑纹不明显，内线、中线、外线棕黑色波状，基部浅灰色，外缘自顶角到中部有棕黑色斑。后翅颜色与前翅相同，宽而略圆，顶角凹陷，外缘凸出，基半及外缘褐色，中央色淡有横带斑。腹部背面灰褐色，节间有黄色横纹，腹面灰褐色。

分　　布：北京、山西、内蒙古、辽宁、黑龙江、四川、新疆；日本、俄罗斯。
寄　　主：杨、柳、桦、椴、椋等。

目　　名：鳞翅目 Lepidoptera
科　　名：天蛾科 Sphingidae
中文名称：黄腰雀天蛾
别　　名：黑带燕尾天蛾
学　　名：*Macroglossum nycteris*（Kollar）

识别特征：体长约24毫米，翅展42～46毫米。体背灰褐色，肩片上有三角形暗黑色大斑。头胸背面有1条黑褐色细纵线。前翅灰褐色，有黑色横带及黑斑；后翅棕褐色，中间有鲜黄色宽横带，反面后角黄色。腹部灰褐色，第2～4节两侧有黄斑，第5节端部有1对白斑。

分　　布：北京、河北、陕西、甘肃；印度、缅甸。

天蛾科
Sphingidae

小豆长喙天蛾
Macroglossum stellatarum（Linnaeus）

目　　名：鳞翅目 Lepidoptera
科　　名：天蛾科 Sphingidae
别　　名：小豆长喙天蛾
学　　名：*Macroglossum stellatarum*（Linnaeus）
识别特征：翅展48～50毫米；头和胸部背面灰褐色，腹部暗灰色，两侧具白色和黑色斑，末端具黑色毛丛；前翅灰黑色，内线及中线弯曲，黑褐色；外线不明显，中室上具一黑色小点；后翅大部分橙黄色。

分　　布：北京、陕西、甘肃、内蒙古、青海、新疆、吉林、辽宁、河北、山西、河南、山东、浙江、湖南、湖北、四川、广东、海南；日本、朝鲜、越南、印度、欧洲等。

寄　　主：茜草科植物、小豆、蓬子菜等。

天蛾科
Sphingidae

枣桃六点天蛾

Marumba gaschkewitschi(Bremer et Grey)

目　　名：鳞翅目 Lepidoptera
科　　名：天蛾科 Sphingidae
中文名称：枣桃六点天蛾
学　　名：*Marumba gaschkewitschi*（Bremer et Grey）

识别特征：翅展 80～110 毫米；胸部背面棕黄色，背线棕色；前翅近外缘处黑褐色，边缘波状，近后角处具黑斑，其前方有一黑点；后翅枯黄至粉红色，近后角处具 2 个黑斑。

分　　布：北京、陕西、内蒙古、河北、山西、河南、山东、江苏、湖北；俄罗斯、蒙古。

寄　　主：樱桃、樱花、紫薇、海棠、核桃、李、杏、梅、苹果、梨、枣、葡萄等。

天蛾科
Sphingiade

栗六点天蛾

Marumba sperchius(Ménétriés，1857)

目　　名：鳞翅目 Lepidoptera
科　　名：天蛾科 Sphingiade
中文名称：栗六点天蛾
学　　名：*Marumba sperchius*（Ménétriés，1857）

识别特征：翅展 90～120 毫米。体翅淡褐色，从头顶到尾端有 1 条暗褐色背线。前翅各线为暗褐色条纹，内线、外线各有 3 条组成，翅后角上方两脉之间有 1 块暗褐色长斑，沿外缘绿色较浓，外线愈向后愈向内迂回，绕过后角斑到达后缘，中室端部有 1 个褐点。后翅暗褐色，前缘及后角区色淡，后角处及其上方各有暗褐色斑纹。前、后翅外缘锯齿状，反面黄褐色，横线明显。

分　　布：北京、辽宁、吉林、黑龙江、广东、福建、台湾；日本、朝鲜、印度。

寄　　主：栗、栎、槠、核桃。

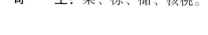

目　　名：鳞翅目 Lepidoptera
科　　名：天蛾科 Sphingidae
中文名称：盾天蛾
学　　名：*Phyllosphingia dissimilis*（Cramer）

识别特征：体长约45毫米，翅展90～110毫米。体翅棕褐色，下唇须红褐色，胸背中线较宽，棕黑色，腹部背中线较细，黑紫色。前翅前缘中部有一大型紫色斑，周围色较深，外缘色较深呈显著波浪形，外缘齿较紫光盾天蛾为浅。后翅有3条深色波浪状横带，反面无白色中线，或只隐约可见。盾天蛾与紫光盾天蛾斑纹相似，但盾天蛾体翅没有紫红色的光泽，后翅反面无白色中线。

分　　布：北京、河北、黑龙江、浙江、台湾；日本、朝鲜。

寄　　主：核桃、山核桃。

目　　名：鳞翅目 Lepidoptera
科　　名：天蛾科 Sphingidae
中文名称：霜天蛾
学　　名：*Psilogramma menephron*（Cramer）

识别特征：翅展90～130毫米。体翅灰褐色，胸部背板两侧及后缘有黑色纵条及黑斑1对；从前胸至腹部背线棕黑色，腹部背线两侧有棕色纵带，腹面灰白色；前翅内线不明显，中线呈双行波状棕黑色，中室下方有黑色纵条2根，下面1根较短；顶角有一黑色曲线；后翅棕色，后角有灰白色斑。

分　　布：华北、华东、西南、华南；日本、朝鲜、印度、斯里兰卡、缅甸、印度、菲律宾、印度尼西亚。

目　　名：鳞翅目 Lepidoptera

科　　名：天蛾科 Sphingidae

中文名称：紫光盾天蛾

学　　名：*Phyllosphingia dissimilis sinensis*
（Jordan）

识别特征： 体长约 50 毫米，翅展 105～115 毫米。体翅棕褐色，全身有紫红色光泽，浅色部位更加明显。胸部背线较宽，棕黑色，腹部背线较细，紫黑色。前翅基部色稍暗，内线及外线色稍深但不太明显，前缘中央有较大的紫色盾形斑 1 块，盾斑周围色显著加深，外缘色较深呈显著的波浪形。后翅有 3 条深色波浪状横带，外缘紫灰色不整齐；后翅反面有显著的中线。前、后翅缘毛和翅的颜色相同。

分　　布： 北京、山东、黑龙江、广东、福建；日本、印度。

寄　　主： 核桃、山核桃。

天蛾科
Sphingidae

目　　名：鳞翅目 Lepidoptera
科　　名：天蛾科 Sphingidae
中文名称：杨目天蛾
别　　名：柳灰天蛾、小灰天蛾
学　　名：*Smerinthus caecus* Ménétriés

识别特征：体长约 30 毫米，翅展 60~70 毫米。胸部背板棕褐色，领片和肩片灰白，后胸有 1 对褐斑。前翅红褐色，外缘锯齿状，内线、中线及外线棕褐色，外缘褐色，中室上方有灰白色细长斑，下方有棕褐色斑 1 块，顶角有棕黑色三角形斑，后角有橙黄色淡斑 1 块。后翅灰黄色，基半桃红色，后角有棕黑色目形斑，斑扁圆形靠近后缘，斑的外围黑色，期内有分离的 2 个月牙形蓝灰色斑纹。腹部灰褐色，两侧有白色纹。后足胫节无端距。

分　　布：北京、陕西、内蒙古、东北、河北、山西；日本、朝鲜、俄罗斯、蒙古。

天蛾科
Sphingiade

蓝目天蛾
Smerinthus planus（Walker）

目　　名：鳞翅目 Lepidoptera
科　　名：天蛾科 Sphingiade
中文名称：蓝目天蛾
别　　名：柳天蛾、蓝目灰天蛾、柳目天蛾、柳蓝目天蛾、内天蛾
学　　名：*Smerinthus planus*（Walker）

识别特征：体长 27~37 毫米，翅展 80~90 毫米。体翅灰黄至淡褐色，触角淡黄色，胸部背板中央褐色，腹部有模糊的中带。前翅边缘波状，翅基部约 1/3 色淡穿过褐色内线向臀角凸伸一长角，其末端有黑纹相接；中室上方有一小丁字形浅纹，其外侧有一直的褐色横线；外线褐色波状；外缘自顶角以下至外缘中部色深略呈"弓"形大褐斑。后翅淡黄褐色；近中部有大蓝目斑 1 个，斑圆形，蓝色圈相连，周围黑色，目斑上方粉红色。

分　　布：北京、河北、山东、山西、陕西、河南、甘肃、宁夏、内蒙古、福建、浙江、江苏、湖北、江西、安徽、云南、广东、辽宁、吉林、黑龙江；朝鲜、日本、俄罗斯。

寄　　主：柳、杨、桃、苹果、樱桃、沙果、海棠、梅、李。

赤杨镰钩蛾
Drepana curvatula(Borkhauser)

目　　名：鳞翅目 Lepidoptera
科　　名：钩蛾科 Drepanidae
中文名称：赤杨镰钩蛾
学　　名：*Drepana curvatula*（Borkhauser）

识别特征：体长约 10 毫米，翅展 34 毫米左右。体色暗黄褐色。前翅顶角弯曲呈镰刀状，顶角下方紧贴外缘有一黑色弧形线。前、后翅均有 5 条波状斜纹，其中自内向外数第 3 条最清晰，从顶角起倾斜到后缘 2/3 处，与后翅相应的 1 条相衔接，前翅横脉处有 2 个黑点，中室有 1 个小黑点。后翅中室及其上方各有 1 黑点。

分　　布：北京、河北、内蒙古、黑龙江、吉林、山西；日本、朝鲜、俄罗斯。

寄　　主：赤杨等。

尺蛾科
Geometridae

醋栗尺蛾
Abraxas grossulariata(Linnaeus)

目　　名：鳞翅目 Lepidoptera
科　　名：尺蛾科 Geometridae
中文名称：醋栗尺蛾
别　　名：栗斑尺蛾
学　　名：*Abraxas grossulariata*（Linnaeus）

识别特征：前翅长 20～23 毫米。头和触角黑褐色。前胸背有橙黄色横条，肩板上有一黑点。胸部橙黄色，背面有 1 纵列黑斑。翅底色白色。前翅基部有黑色斑，基线为黑斑连成的宽带，内侧为橙黄色线；中室端黑斑大，连至前缘，常有黑斑连成不完整的中线；外线和亚端线由黑斑组成，其间为橙黄色线；外缘及缘毛上连有黑点列。后翅基部有黑点，中室端有黑斑，后缘中部亦有一黑斑，其外有 2～3 条完整及不完整的横线，外线外有不完整的橙黄色细线。翅反面斑纹同正面。腹部橙黄色，背面有 1 纵列黑斑，侧面、亚侧面各 1 列黑斑，但比腹背的黑斑小。斑纹变异很多。

分　　布：北京、河北、辽宁、吉林、黑龙江、内蒙古、山西、陕西；俄罗斯、朝鲜、日本、欧洲。

目　　名：鳞翅目 Lepidoptera
科　　名：尺蛾科 Geometridae
中文名称：萝藦艳青尺蛾
别　　名：萝藦青尺蛾
学　　名：*Agathia carissima*（Butler）

识别特征：前翅长 17～21 毫米。头顶白色，后有褐色和绿色边。前胸背绿色。中后胸背黄褐色有绿斑。翅翠绿色。前翅基部褐色，中线白褐两色斜贯于翅中央，白色的外线外为宽的紫褐色带，顶角处有几块翠绿色斑，前缘区白色。后翅外线白色波状，外方亦为紫褐色宽带，散有小绿斑，缘毛白色。翅反面粉绿色，有紫褐色带纹。腹背黄褐色，有绿斑和 1 列黑褐色毛束。

分　　布：北京、河北、黑龙江、辽宁、吉林、陕西、四川；日本、朝鲜。

尺蛾科
Geometridae

黄灰呵尺蛾
Arichanna haunghui（Yang）

目　　名：鳞翅目 Lepidoptera
科　　名：尺蛾科 Geometridae
中文名称：黄灰呵尺蛾
学　　名：*Arichanna haunghui*（Yang）
识别特征：前翅长 23～25 毫米。触角雌蛾线状，雄蛾双栉状。体灰色，中胸背面有 1 对黑斑。前翅灰色，前缘带及脉为黄色；翅上黑斑组成 7 条横线；翅基 10 个黑斑，除组成基线和内线外，还有 2 个位于中室下方，中线包括中室端的大黑斑，外线双行且黑斑大小相似，亚端线的斑最大也最长，端线则与外线的斑相似；缘毛上有 1 列黑斑位于各脉端部；翅基部的翅膜有泡状突起 3 个。后翅黄色，基部带灰色并有密集的小黑点；中室端有大黑斑，其外侧共有 3 条横线；外线黑斑较小，亚端线和端线的黑斑大小不等；缘毛上的黑点列位于脉端。前、后翅反面均为黄色，黑斑同正面。

分　　布：北京、河北。

目　　名：鳞翅目 Lepidoptera

科　　名：尺蛾科 Geometridae

中文名称：大桥造虫

别　　名：聚角尺蛾、面大造桥虫、棉尺蛾、茶霜尺蛾、灰翅尺蠖

学　　名：*Ascotis selenaria* （Schiffermüller et Denis）

识别特征：前翅长 18 ~ 20 毫米。体色变化很大，一般浅灰褐色到浅黄褐色；密布褐磷点。触角雌蛾线状，雄蛾双锯状丛生纤毛。前翅内线、外线和亚端线为 3 条褐带，中线有的不完整仅前后缘可见；中室端有不规则的环状灰褐斑，位于中线内；顶角下方有褐斑；外缘有小褐点列，缘毛上有淡褐色斑。后翅无内线，中线褐色完整，中室端有环状灰褐斑，外线、亚端线褐色，外缘有小褐点列。

分　　布：北京、河北、江苏、浙江、四川、广西、贵州、吉林；印度、斯里兰卡、日本、朝鲜、越南。

目　　名：鳞翅目 Lepidoptera

科　　名：尺蛾科 Geometridae

中文名称：丝棉木金星尺蛾

别　　名：白杜尺蛾、卫矛尺蛾

学　　名：*Calospolos suspecta* （Warren）

识别特征：前翅长 21 ~ 24 毫米；体橙黄色。翅底色白色，有许多暗灰色的大小斑点，有的彼此相连，大体在中线、外线、端线处形成斑带，外线端部分叉。前翅中室端的斑大，内有黑黄色环。前翅基部、前后翅的臀角内侧各有大小不等的橙黄色斑 1 个，斑上杂有黑黄色斑和银色闪光斑纹。腹部有黑斑 7 纵列：背面 3 列，侧面、亚侧面各 1 列。

分　　布：北京、辽宁、吉林、黑龙江、内蒙古、山西、湖北、江苏、安徽、湖南、甘肃、陕西；俄罗斯、日本、朝鲜。

寄　　主：丝棉木、榆、卫矛、杨、柳。

目　　名：鳞翅目 Lepidoptera

科　　名：尺蛾科 Geometridae

中文名称：紫条尺蛾

别　　名：红条小尺蛾、紫线尺蛾

学　　名：*Calothysanis amata recompta* Prout

识别特征：前翅长 12 毫米。头暗褐色，头顶有白鳞。雄蛾触角双栉状。体翅污黄色。翅上散布褐色细斑纹，外缘有细的紫褐色线。前翅中室端有褐纹；自顶角有 1 条宽的紫条斜伸至后缘中部，与后翅的紫条相接，直达后翅内缘中部，紫条外侧另有一细褐线，前后翅亦相接，在前翅顶角处并入紫条。

分　　布：北京、河北、黑龙江、河南、山东、湖北、湖南；日本、俄罗斯。

寄　　主：酸枣等。

目　　名：鳞翅目 Lepidoptera

科　　名：尺蛾科 Geometridae

中文名称：国槐尺蛾

学　　名：*Chiasmia cinerearia*（Bremer et Grey，1853）

识别特征：翅展 30 ~ 45 毫米；体翅灰褐色，具黑褐色斑点；前翅具 3 条横线，其中外线明显，在近前缘断裂，裂前的斑纹呈三角形，裂后多由 3 列黑斑组成，并被灰褐色翅脉分开；后翅具 2 条横线，外线双线，线外常具深褐色不规则纹；前后翅具中室端纹；外缘锯齿状。

分　　布：北京、陕西、宁夏、甘肃、东北、河北、天津、山西、河南、山东、江苏、安徽、浙江、江西、湖北、台湾、广西、四川、西藏；日本、朝鲜。

寄　　主：国槐。

目　　名：鳞翅目 Lepidoptera
科　　名：尺蛾科 Geometridae
中文名称：栎绿尺蛾
学　　名：*Comibaena delicatior*（Warren）

识别特征：前翅长 11 ~ 15 毫米。体翅鲜绿色，头顶和下唇须白色，额部绿色。前翅内线及外线白色显著，臀角处有一近圆形血色斑，中室端有一小黑点。后翅顶角处有一更大颜色更深的血色长斑，中室端也有一小黑点。

分　　布：北京、黑龙江、浙江、福建、四川；日本、朝鲜。

寄　　主：栎树。

目　　名：鳞翅目 Lepidoptera
科　　名：尺蛾科 Geometridae
中文名称：木橑尺蛾
别　　名：黄连木尺蛾
学　　名：*Culcula panterinria*（Bremer et Grey）

识别特征：前翅长 30 ~ 35 毫米。触角雌蛾线状，雄蛾锯齿状丛生纤毛。头部橙黄，体黄白色，胸背和腹端有橙黄色毛，肩片有长毛束。翅底色白，上有灰色和橙色斑点，但变异很大。一般在前翅和后翅的外线上各有 1 串橙色和深褐色圆斑，斑的隐显变异很大；前翅基线为 1 弧形的橙色带；前、后翅中室端有 1 个大灰斑，暗色形体呈黄褐色，翅上散布大小不等的灰色斑点和短纹，短纹密集甚至连成大片灰褐色。翅反面斑纹与正面同，但中室端圆斑为橙色，周围为灰褐色圈。

分　　布：河北、山西、河南、山东、江西、四川、台湾、内蒙古；日本、朝鲜、印度。

寄　　主：木橑、核桃、花椒、桃、李、杏、苹果、梨、山楂、柿、君迁子、山樱桃、酸枣、臭椿、泡桐、楸、槐、槭、柳、桑、榆、柞、皂角、漆树、杨、荆条等。

目　　名：鳞翅目 Lepidoptera
科　　名：尺蛾科 Geometridae
中文名称：枞灰尺蛾
学　　名：*Deileptenia ribeata*（Clerck）

识别特征：前翅长 26 毫米左右。体翅灰白到灰褐色，散布细褐点。前翅内线黑褐色
　　　　　弧形；中室端有黑褐色圆圈，与中线相连；外线黑褐色锯状弧弯，在后缘
　　　　　中部与外线相接，相接处形成 1 个黑褐斑；内、外线间颜色较浅；亚端线
　　　　　波状灰白色，两侧衬黑褐带；外缘有 1 列黑褐点。后翅内线较直形成宽
　　　　　带，中室端有黑褐点，外线锯状弧弯，亚端线和外缘同前翅。翅反面
　　　　　色淡。
分　　布：北京、河北、黑龙江；朝鲜、日本。
寄　　主：桦、栎、杉等。

尺蛾科
Geometridae

直脉青尺蛾
Geometra valida Felder *et* Rogenhofer

目　　名：鳞翅目 Lepidoptera
科　　名：尺蛾科 Geometridae
中文名称：直脉青尺蛾
学　　名：*Geometra valida* Felder
　　　　　et Rogenhofer
识别特征：翅展 45～53 毫米；翅绿色，
　　　　　前翅前缘灰白色，内线和外
　　　　　线白色，波状；后翅亚端线
　　　　　细而不明显，尾突较为明显。

分　　布：北京、陕西、甘肃、宁夏、内蒙古、东北、河北、山西、山东、湖南、四
　　　　　川、云南；日本、朝鲜、俄罗斯。
寄　　主：槲树。

目　　名：鳞翅目 Lepidoptera
科　　名：尺蛾科 Geometridae
中文名称：菊四目绿尺蛾
学　　名：*Euchloris albocostaria*（Bremer）

识别特征：雌蛾前翅长 14～18 毫米，雄蛾前翅长约 15 毫米。头顶白色，额绿色，触角及下唇须黄褐色。肩片绿色，胸、腹粉白色。翅绿色，前翅内线白色，弧形；外线白色，波形；中室端有白色眼纹，中间有血色短线；端线血红色；脉间缘毛白色，脉端缘毛血红色。后翅外线白色波纹，中室端白色眼纹大而明显。前后翅的反面均可见眼纹和外线。

分　　布：北京、河北、陕西、黑龙江、安徽；朝鲜、日本。

寄　　主：菊、艾登菊科植物。

目　　名：鳞翅目 Lepidoptera
科　　名：尺蛾科 Geometridae
中文名称：角顶尺蛾
识别学名：*Hemerophila emaria*（Bremer）

识别特征：前翅长 18～20 毫米。雌蛾线状，雄蛾双栉状。体翅灰褐色，翅上散布褐色细纹，尤以后翅横向细纹多而明显，前翅外缘向外弧弯过顶角；外线黑色，在近顶角处向外折成锐角几达翅外缘；中室端有黑褐点；内线黑色，在中室端黑褐点内侧曲折斜伸向后缘基部 1/4 处；前缘区黑褐色，近顶角处有一近三角形褐斑；内线以内褐色，外线以外有褐色长条，内、外线间色淡；外缘波状。后翅外线黑色显著，其外侧有褐色长条，外缘波状。翅反面色暗，外线为 1 列弧形排列的黑点。

分　　布：北京、河北、辽宁、吉林、黑龙江、内蒙古、山西；日本、朝鲜、俄罗斯。

目　　名：鳞翅目 Lepidoptera
科　　名：尺蛾科 Geometridae
中文名称：青辐射尺蛾
别　　名：华丽尺蛾
学　　名：*Iotaphora admirabilis*

识别特征：翅展约 60 毫米。体翅青灰色，具杏黄及白色斑纹。触角雌蛾锯状，雄蛾双栉状，触角干白色，栉棕色。前翅内线弧形，黄白两色；中室端有黑纹；外线黄白两色，外线以外有 10 余条辐射状黑短线。后翅除无内线外，斑纹大致同前翅。

分　　布：北京、河北、陕西、甘肃、东北、山西、河南、浙江、江西、台湾、湖北、湖南、福建、广西、四川、云南；俄罗斯、越南。

目　　名：鳞翅目 Lepidoptera
科　　名：尺蛾科 Geometridae
中文名称：蝶青尺蛾
别　　名：翠蝶尺蛾、白桦青尺蛾、大绿尺蠖
学　　名：*Hipparchus papilionaria* （Linnaeus）

识别特征：前翅长 27～30 毫米。头、胸、下唇须和翅均绿色或草绿色。触角黄色。前后翅均有白色波状很细的内线、外线和亚端线；中室端有深绿色的斑纹；外缘波状，后翅更明显。翅反面翠绿色，前翅外线以内颜色较深。腹基部绿色，向后端渐次黄色，端部白色。足基节、腿节绿色，其余黄色。

分　　布：北京、河北、黑龙江、内蒙古；日本、俄罗斯、小亚细亚和欧洲地区。

目　　名：鳞翅目 Lepidoptera
科　　名：尺蛾科 Geometridae
中文名称：红双线兔尺蛾
学　　名：*Hyperythra obliqua*（Warren）

识别特征：前翅长 20～22 毫米。触角双栉形、线形。下唇须约 1/3 伸出额外，基半部黄色；额中部黄色，边缘及下唇须端部、触角基部白色有红斑。体背灰黄色。前翅外缘微波曲；后翅外缘前端锯齿形。前翅臀褶近基部处有 1 束翘起的鳞片。翅面黄色，散布灰褐色鳞；前翅内线红褐色；中点微小，深灰褐色；前翅前缘外 1/4 处至后翅后缘中部有 2 条斜线，内侧 1 条红褐色，外侧 1 条深灰褐色，两翅间色较浅；斜线外侧大部红褐色。

分　　布：北京、河北、山东、甘肃、江苏、浙江、湖北、江西、湖南、广东、广西、四川、贵州。

目　　名：鳞翅目 Lepidoptera
科　　名：尺蛾科 Geometridae
中文名称：缘点尺蛾
学　　名：*Lomaspilis marginata*（Linnarus）

识别特征：翅展 19～22 毫米；体背面灰黑色，腹面及翅白色，翅基、中及外缘具灰黑色圆斑，后翅翅基的黑斑很小。

分　　布：北京、河北、陕西、甘肃、内蒙古、黑龙江、山西；日本、朝鲜、俄罗斯至欧洲。

寄　　主：杨、柳、榛等。

目　　名：鳞翅目 Lepidoptera
科　　名：尺蛾科 Geometridae
中文名称：女贞尺蛾
别　　名：七十星尺蛾、丁香尺蛾
学　　名：*Naxa*（*Psilonaxa*）*seriaria* Motschulsky

识别特征：翅展 34～46 毫米。体翅白色。触角雌雄均为锯状。前翅前缘基部约 1/3 为黑色。前、后翅上共 70 个黑点：前翅内线处 3 个，中室端 1 个，亚端线处 8 个（在脉上），端线处 7 个（在脉间）；后翅中室端 1 个，亚端线处 8 个，端线处 7 个。无翅缰。足上有黑色部分。

分　　布：北京、河北、黑龙江、吉林、辽宁、陕西、浙江、湖南、四川、贵州；日本、朝鲜、俄罗斯。

寄　　主：女贞、丁香、水蜡树、水曲柳。

目　　名：鳞翅目 Lepidoptera

科　　名：尺蛾科 Geometridae

中文名称：枯斑翠尺蛾

别　　名：柳叶尺蛾、柳青尺蛾

学　　名：*Ochrognesia difficta*（Walker）

识别特征： 前翅长 16 ~ 19 毫米。头顶绿色。雌蛾触角线状，雄蛾双栉状，触角黄色。额背绿色，中、后胸背中央有 2 块白斑。翅大部分绿色，内线白色很细，中室端有小黑纹，外缘白色、脉端有褐点。翅外部有宽的白色区，满布枯褐色碎条纹，前翅的白色区不完整，臀角处的宽，碎纹色深而多，向上则为断续的 2 条，颜色也浅，至顶角处消失，前翅前缘黄色，散布褐鳞；后翅的白色区较完整，M_3 脉端处向外突伸成角。腹部第 1 节绿色，余为白色有黄褐色斑。

分　　布： 北京、河北、吉林、黑龙江、辽宁、福建、陕西、四川、湖北；日本、朝鲜。

寄　　主： 柳、杨、桦。

目　　名：鳞翅目 Lepidoptera
科　　名：尺蛾科 Geometridae
中文名称：四星尺蛾
学　　名：*Ophthalmodes irrotaria*（Bremer et Grey）

识别特征：前后翅上各有 1 个星状斑，体色较浅，色泽较青，体背黑斑少或消失。4 个星斑较小，翅污白色至浅灰褐色，略带灰绿色；后翅内侧有一污点带；翅反面满布污点，外缘黑带不间断。

分　　布：华北、东北、山东、四川、浙江、台湾；日本、朝鲜、俄罗斯。

寄　　主：苹果、柑橘、海棠、鼠李等。

尺蛾科
Geometridae

雪尾尺蛾
Ourapteryx nivea（Bulter）

目　　名：鳞翅目 Lepidoptera
科　　名：尺蛾科 Geometridae
中文名称：雪尾尺蛾
学　　名：*Ourapteryx nivea*（Bulter）
识别特征：前翅长 25～37 毫米；头颜面橙褐色，体翅白色；后翅外缘近中部突出呈尾状，内侧具 2 个斑点，大斑橙红色具黑圈，小斑黑色；雄蛾大斑的红点小。

分　　布：北京、河北、内蒙古、陕西、浙江、安徽、四川；日本。

寄　　主：栓皮栎、冬青、朴等。

目　　名：鳞翅目 Lepidoptera

科　　名：尺蛾科 Geometridae

中文名称：桑尺蛾

学　　名：*Phthonandria atrilineata* （Butler，
　　　　　1881）

识别特征：前翅长 19～22 毫米，触角双栉状；体黄褐色，翅上密布黑褐色细横短纹，
　　　　　色斑变化大，但前翅均可见 2 条黑色横线，其中外线在顶角下外凸；后翅
　　　　　仅 1 条横线，较直。

分　　布：北京、河北、陕西、河南、山东、江苏、浙江、安徽、江西、台湾、湖
　　　　　北、广东、四川、贵州；日本、朝鲜。

寄　　主：桑。

尺蛾科
Geometridae

苹果烟尺蛾
Phthonosema tendinosaria（Bremer）

目　　名：鳞翅目 Lepidoptera

科　　名：尺蛾科 Geometridae

中文名称：苹果烟尺蛾

学　　名：*Phthonosema tendinosaria* （Bre-
　　　　　mer）

识别特征：前翅长 27～31 毫米。体翅灰黄色
　　　　　至灰褐色，翅上密布小褐点。前
翅内线黑褐色，其内侧褐色；中室端有淡灰褐色点；中线弱，近前、后缘
可见；外线波状黑褐色，外侧的 1 条淡褐色线在后缘处形成褐色斑条；亚
端线内侧淡褐色、外侧灰白色波状；外缘波状，有断续的黑褐色边。后翅
内线不明显，中线亦弱，中室端有灰褐色斑，外线波状，黑褐色，外侧有
淡褐线；亚端线似前翅亚端线，但较弱。外缘波状，有断续的黑褐色边。

分　　布：北京、河北、辽宁、吉林、黑龙江、四川、内蒙古；日本、俄罗斯、
　　　　　朝鲜。

寄　　主：苹果、栗、梨、桑等。

目　　名：鳞翅目 Lepidoptera
科　　名：尺蛾科 Geometridae
中文名称：斧木纹尺蛾
学　　名：*Plagodis dolabraria*（Linnaeus）

识别特征：翅展 22～32 毫米；头顶及前胸灰褐色至黑褐色，中后胸及腹末棕色，余体背及翅黄褐色，前翅基部前缘及臀部锈褐色，翅面具许多褐色横纹，外缘中部凸，呈"＞"形。

分　　布：北京、甘肃、江苏、浙江、湖北、湖南、四川；日本、俄罗斯、欧洲。

寄　　主：悬钩子、栎。

目　　名：鳞翅目 Lepidoptera
科　　名：尺蛾科 Geometridae
中文名称：长眉眼尺蛾
学　　名：*Problepsis changmei* Yang
识别特征：前翅长 18～22 毫米、头顶白色，触角基部白色，额部黑褐色，下唇须背面黑色而腹面白色。翅白色，中部有眼状斑。前翅眼状斑淡褐色大而较圆，

边缘整齐，中室横脉处白色，斑内有不完整的黑和银灰色鳞组成的环，亚端线由 6～7 个大小不等的灰色斑组成；端线由小灰斑条组成；前缘区自翅基至外线处有黑褐色长条，似眼的眉毛。后翅眼斑长椭圆形与内缘褐斑相连，有与前翅相似的外线、亚端线和端线。腹部背面黑褐色，密被白色长毛，各节后缘白毛。

分　　布：北京、河北、陕西。

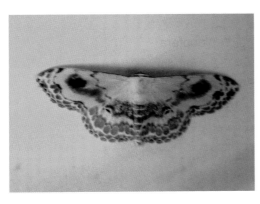

目　　名：鳞翅目 Lepidoptera
科　　名：尺蛾科 Geometridae
中文名称：忍冬尺蛾
学　　名：*Somatina indicataria* Walker

识别特征：前翅长 14～16 毫米。触角线状具微毛。额黑褐色，头顶触角间白色。胸部乳白色。翅底色乳白，略带微黄，有银灰色斑纹。前翅内线为断续的银灰色细线，中室上黑色眼状斑位于黄灰色宽的中带上，中带不达前缘；外线不完整，仅前缘可见一银灰色点；亚端线为 1 列长圆形银灰色斑；端线银灰色；外缘白色，脉间有小黑点；缘毛白色间杂银灰色斑。后翅中室有不规则的眼斑，眼斑后方、中线和基线间为一片银灰色；外缘白色内侧有灰斑；缘毛白色有灰色斑。

分　　布：北京、陕西、辽宁、吉林、黑龙江、内蒙古、山西；朝鲜、日本。

尺蛾科
Geometridae

环缘奄尺蛾
Stegania cararia（Hübner）

目　　名：鳞翅目 Lepidoptera
科　　名：尺蛾科 Geometridae
中文名称：环缘奄尺蛾
学　　名：*Stegania cararia*（Hübner）
识别特征：翅展 20～21 毫米；翅面淡黄色，具锈黄至锈褐色鳞片，前翅前缘褐色，中室端具暗褐斑，亚缘翅暗褐色，并在

近中部及近后角伸向翅缘，围成的 3 个小室，前 2 个大小相近，后 1 个很小；亚缘线内侧的翅脉上具暗褐色短纹；后翅斑纹与前翅相近。

分　　布：北京、河南；俄罗斯、欧洲。
寄　　主：杨树。

目　　名：鳞翅目 Lepidoptera
科　　名：尺蛾科 Geometridae
中文名称：绿叶碧尺蛾
别　　名：肖二线绿尺蛾
学　　名：*Thetidia chlorophyllaria*（Hedyemann）

识别特征：前翅长 15 毫米。雌蛾触角锯状，雄蛾双栉状，干白色，腿黄色。头、胸绿色，下唇须白色，有绿磷。前翅碧绿，内线白色弧形，外线白色较直，内、外线均明显；缘毛内层绿色，外层白色；前缘白色。后翅亦为绿色，前缘区有宽的白色部分；亚端线和端线均为细的白色线，缘毛同前翅。翅反面，前翅外线、后翅亚端线均白色清晰。腹部淡绿色微白。足的基节、腿节绿色，余为黄白色，前足腿节端部和胫节上有橙黄色鳞。

分　　布：北京、河北、黑龙江、山西、内蒙古、青海、山东；日本、俄罗斯。

目　　名：鳞翅目 Lepidoptera
科　　名：舟蛾科 Notodontidae
中文名称：杨二尾舟蛾
别　　名：双尾天社蛾
学　　名：*Cerura menciana*（Moore）

识别特征：体长 28~30 毫米，翅展 75~80 毫米。下唇须黑色。头和胸部灰白微带紫褐色，胸背有 2 列黑点，每列 3 个，翅基片有 2 个黑点。腹背黑色，第 1~6 节中央有 1 条灰白色纵带，两侧每节各具 1 个黑点，末端 2 节灰白色，两侧黑色，中央有 4 条黑纵线。前翅灰白微带紫褐色，翅脉黑褐色，所有斑纹黑色，基部 3 黑点鼎立状，亚基线由 1 列黑点组成；内横线 3 条，最外 1 条在中室下缘以前断裂成 4 个黑点，下段与其余 2 条平行；内面 2 条在中室上缘前呈弧形开口于前缘，在中室内呈环线，以下双道，前端闭口，横脉纹月牙形，中横线和外横线深锯齿形，外缘线由脉间黑点组成；后翅灰白微带紫色，翅脉黑褐色，横脉纹黑色。

分　　布：河北、北京、黑龙江、吉林、辽宁、山东、河南、湖北、湖南、江西、江苏、浙江、福建、台湾、四川、西藏、陕西、宁夏、甘肃、内蒙古；欧洲、日本、朝鲜、越南。

寄　　主：杨、柳。

目　　名：鳞翅目 Lepidoptera

科　　名：舟蛾科 Notodontidae

中文名称：短扇舟蛾

学　　名：*Clostera albosigma curtuloides*（Erschoff）

识别特征：雄蛾体长 12～15 毫米，雌蛾体长 15～16 毫米；雄蛾翅展 27～36 毫米，雌蛾翅展 32～38 毫米。全体色较暗，灰红褐色，前翅灰红褐色，顶角斑暗红褐色，$M_1 - Cu_1$ 脉间钝齿形弯曲纹长，外线从前缘至 M 脉一段齿形弯曲纹白色鲜明；从 Cu_2 脉基部到外线间有 1 个斜三角形影状暗斑。后翅灰红褐色。

分　　布：北京、河北、黑龙江、吉林、山西、陕西、甘肃、青海、云南；日本、朝鲜、俄罗斯、北美洲。

寄　　主：山杨、日本山杨。

目　　名：鳞翅目 Lepidoptera

科　　名：舟蛾科 Notodontidae

中文名称：黑蕊尾舟蛾

别　　名：栾蕊舟蛾、栾天社蛾

学　　名：*Dudusa sphingiformis*（Moore）

识别特征：体长 36~48 毫米，翅展 68~95 毫米。触角基部 3/5 为双栉状。头和触角黑褐色。颈板、翅基片和前、中胸背污黄色，各有 2 条褐色线，前胸中央有 2 黑点，背中有毛丛及蕊状毛鳞，尾端有丛生的黑色毛鳞。前翅灰黄褐色，前缘有五六个暗色斑点，从翅尖到后缘近基部的整个后缘区和外缘区由许多暗褐色纹组成一个大三角形斑，外缘锯齿状，并有 1 列褐斑及白色波状细纹，翅中部有 1 条白线呈 S 形弯曲。后翅暗褐色，前缘基部和后角灰褐色。

分　　布：北京、河北、山东、河南、四川、福建、陕西、安徽、湖北、云南；朝鲜、印度、缅甸、日本。

寄　　主：栾树、槭树。

目　　名：鳞翅目 Lepidoptera

科　　名：舟蛾科 Notodontidae

中文名称：仿白边舟蛾

学　　名：*Nerice hoenei*（Kiriakoff）

识别特征：翅展 49~61 毫米，头及前胸暗褐色，前翅前半部暗褐色，后半部在分界处白色，后渐变成灰褐色，中部具一暗褐色斑。

分　　布：北京、河北、陕西、甘肃、吉林、辽宁、山西、山东；朝鲜。

寄　　主：桃、苹果。

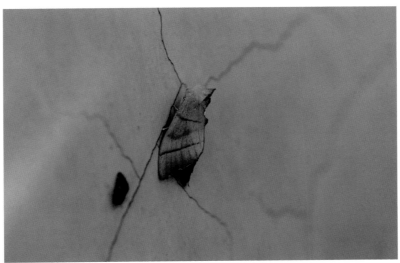

目　　名：鳞翅目 Lepidoptera

科　　名：舟蛾科 Notodontidae

中文名称：黄二星舟蛾

学　　名：*Euhampsonia cristata*（Butler，1877）

识别特征：翅展 65～88 毫米；胸部具"人"字形冠形毛簇，端部黄褐色；前翅中部
　　　　　具 3 条横线，其中内外 2 条较明显，中线内侧近前缘具 2 个黄色小圆点，
　　　　　外缘锯齿形。

分　　布：北京、陕西、内蒙古、东北、河北、山东、河南、江苏、浙江、安徽、江
　　　　　西、湖北、湖南、四川、海南、台湾；日本、朝鲜、俄罗斯、缅甸、老
　　　　　挝、泰国。

寄　　主：柞树、蒙古栎。

目　　名：鳞翅目 Lepidoptera
科　　名：舟蛾科 Notodontidae
中文名称：银二星舟蛾
学　　名：*Euhampsonia splendida*
　　　　　（Oberthür）

识别特征：翅展 68 毫米左右。头、颈片黄白色，翅基片灰白色，外侧具棕褐色边。胸背和冠形毛簇淡黄色。腹背淡褐黄色。前翅淡黄灰色；前缘灰白色，外侧 1/3 较显著；Cu_2 脉和中室以下的后缘区淡黄色；内、外线暗褐色，呈"V"字形汇合于后缘中央；横脉纹由 2 个大小不同的银白色圆点组成；外缘锯齿形，脉间缘毛灰白色，半月形。后翅黄褐色，后缘在臀角上方有 1 个模糊白色斑。

分　　布：北京、河北、山东、黑龙江、吉林、辽宁、山西、河南、陕西、安徽、湖北、浙江、江西、湖南、西藏。

寄　　主：栎、栗。

目　　名：鳞翅目 Lepidoptera

科　　名：舟蛾科 Notodontidae

中文名称：基线纺舟蛾

学　　名：_Fusadonta basilinea_（Wileman）

识别特征：翅展 52 ~ 54 毫米；前翅暗灰褐色，外线波状，外衬浅黄色边；横脉纹暗色，外围浅黄色。

分　　布：北京、浙江、湖北；日本、朝鲜。

寄　　主：栎树。

目　　名：鳞翅目 Lepidoptera
科　　名：舟蛾科 Notodontidae
中文名称：厄内斑舟蛾
学　　名：*Peridea elzet*（Kiriakoff）
识别特征：翅展 46 ~ 54 毫米，头胸部灰褐色，具黑色条纹和暗红斑；前翅暗灰色，翅基具锈黄色斑，内线波浪形，与外线的距离远；亚端线模糊，有 1 列暗红色点组成；翅后缘中部的齿形毛簇黑褐色。
分　　布：北京、陕西、甘肃、辽宁、山西、江苏、浙江、江西、福建、湖南、四川、云南；日本、朝鲜。

舟蛾科
Notodontidae

侧带内斑舟蛾
Peridea lativitta(Wileman)

目　　名：鳞翅目 Lepidoptera
科　　名：舟蛾科 Notodontidae
中文名称：侧带内斑舟蛾
学　　名：*Peridea lativitta*（Wileman）
识别特征：雄蛾翅展 53 ~ 54 毫米，雌蛾翅展 58 ~ 65 毫米；头胸灰褐色，具黑色鳞毛；前翅灰褐色，翅基具锈黄色斑，内线波浪形，在后缘与中线

较为接近；亚端线模糊，由 1 列暗红色点组成；翅后缘中部的齿形毛簇黑褐色。
分　　布：北京、陕西、黑龙江、吉林、河北、山西、山东、浙江、湖北、四川；日本、朝鲜、俄罗斯。
寄　　主：蒙古栎。

舟蛾科
Notodontidae

目　　名：鳞翅目 Lepidoptera
科　　名：舟蛾科 Notodontidae
中文名称：窄掌舟蛾
别　　名：京黄掌舟蛾
学　　名：*Phalera angustipennis*（Matsumura）

识别特征：翅展 50～66 毫米；前翅掌纹较窄长，内侧具黑色鳞片，中室具大小白斑各 1 个，外线在近后缘呈内凸黑纹，其内侧呈黑褐大斑。

分　　布：北京、辽宁、河南、台湾；日本、朝鲜。

舟蛾科
Notodontidae

目　　名：鳞翅目 Lepidoptera
科　　名：舟蛾科 Notodontidae
中文名称：栎掌舟蛾
别　　名：栎黄斑天社蛾、黄斑天社蛾、榆天社蛾、肖黄掌舟蛾
学　　名：*Phalera assimilis*（Bremer et Grey）

识别特征：雄蛾翅展 44～45 毫米，雌蛾翅展 48～60 毫米。头顶淡黄色，触角丝状。胸背前半部黄褐色，后半部灰白色，有两条暗红褐色横线。前翅灰褐色，银白色光泽不显著，前缘顶角处有一略呈肾形的淡黄色大斑，斑内缘有明显棕色边，基线、内线和外线黑色锯齿状，外线沿顶角黄斑内缘伸向后缘。后翅淡褐色，近外缘有不明显浅色横带。

分　　布：北京、河北、山西、辽宁、江苏、浙江、福建、江西、河南、湖北、湖南、广西、陕西、四川；日本、朝鲜、俄罗斯。

寄　　主：栗、栎、榆、白杨等。

目　　名：鳞翅目 Lepidoptera

科　　名：舟蛾科 Notodontidae

中文名称：苹掌舟蛾

学　　名：*Phalera flavescens*（Bremer et Grey）

识别特征：翅展 34～66 毫米；前翅黄白色，无顶角斑，翅基具 1 个灰褐色斑，外衬
　　　　　半月形黑褐色斑，近外缘具 5 个灰褐色斑，内衬锈红色斑，愈接近后缘的
　　　　　愈大。

分　　布：北京、河北、山西、陕西、甘肃、黑龙江、辽宁、山东、上海、江苏、浙
　　　　　江、江西、福建、湖北、湖南、广东、广西、海南、云南、贵州；日本、
　　　　　朝鲜、俄罗斯、缅甸。

寄　　主：苹果、杏、梨、桃、海棠、榆叶梅、榆等。

目　　名：鳞翅目 Lepidoptera
科　　名：舟蛾科 Notodontidae
中文名称：杨白剑舟蛾
别　　名：杨剑舟蛾
学　　名：*Pheosia fusiformis*（Matsumura）

识别特征：体长 15～25 毫米，翅展 43～59 毫米。头暗褐色，颈板和胸背灰色。前翅灰白色，A 脉下从基部到齿形毛簇呈一灰黄褐斑，其上方有 1 条黑色影状带从基部伸至外缘，而后呈灰褐色向上扩散至近翅尖，纵带和黄褐斑之间有一白线从基部伸至 A 脉 2/5 处间断并呈齿形曲，在外缘亚中褶的前方有一白色楔纹；前缘外侧 3/4 灰黑色，中央有 2 个距离较宽的影状斑，M_1 到 R_4 脉间有 2 条黑色斜纹，外线黑色内衬白边，Cu_2 至 M_3 脉端部白色。后翅灰白带褐色，臀角具黑斑，内有一灰白横线。腹部灰褐色，近基部黄褐色。

分　　布：北京、河北、黑龙江、吉林、内蒙古；日本、朝鲜、俄罗斯。
寄　　主：杨。

目　　名：鳞翅目 Lepidoptera
科　　名：舟蛾科 Notodontidae
中文名称：丽金舟蛾
学　　名：*Spatalia dives*（Oberthür）
识别特征：体长 17～20 毫米，雄蛾翅展 38～44 毫米，雌蛾翅展 48～54 毫米。下唇须暗褐色。头和胸背暗红褐色，后胸背面有 2 个白斑。腹部背面灰褐色，

末端和臀毛簇暗红褐色。前翅暗红褐色，翅脉黑色；基部中央有 1 黑点；中室下方有 3 个较大的多角形银色斑，从中室下缘近中央斜向后缘达内齿形毛簇外侧，排成 1 行，前两个银斑内侧伴有 2～3 个小银点；银斑外侧有 1 条不清晰的波浪形银线；外线只有从前缘到 M_3 脉一段可见，呈暗褐色斜影；亚端线不清晰，暗褐色锯齿形。后翅浅黄灰色，外半部带褐色。

分　　布：北京、陕西、东北、台湾、湖北、湖南、贵州；日本、朝鲜、俄罗斯。

目　　名：鳞翅目 Lepidoptera

科　　名：舟蛾科 Notodontidae

中文名称：槐羽舟蛾

学　　名：*Pterostoma sinicum* Moore

识别特征：雄蛾体长 21～27 毫米，雌蛾体长 27～32 毫米；雄蛾翅展 56～64 毫米，雌蛾翅展 68～80 毫米。体暗黄褐色，胸部的冠状毛簇大部黑褐色，前端浅灰黄色。前翅灰黄色，其后缘中部略内凹，翅面有双条红褐色齿状波纹。

分　　布：北京、河北、辽宁、山西、甘肃、上海、江苏、安徽、浙江、湖南、广西、云南；日本、朝鲜、俄罗斯。

舟蛾科
Notodontidae

目　　名：鳞翅目 Lepidoptera

科　　名：舟蛾科 Notodontidae

中文名称：苹蚁舟蛾

学　　名：*Stauropus fagi*（Linnaeus）

识别特征：翅展 58～76 毫米，头胸部灰红褐色，触角暗褐色，端部约 1/5 无栉枝；前翅暗褐色，外线锯齿形，内线不清楚；亚端线棕黑色点组成，内侧具白斑。

分　　布：北京、河北、陕西、甘肃、吉林、内蒙古、山西、浙江、四川、广西；日本、朝鲜、俄罗斯。

寄　　主：苹果、梨、李、樱桃、麻栎、赤杨、胡枝子。

毒蛾科
Lymantridae

目　　名：鳞翅目 Lepidoptera

科　　名：毒蛾科 Lymantridae

中文名称：白毒蛾

别　　名：槭黑毒蛾、弯纹白毒蛾

学　　名：*Arctotnis l – nigrum*（Müller）

识别特征：体长 12～19 毫米，翅展 39～52 毫米。触角干白色，栉齿黄色。下唇须白色，外侧上半部黑色。体白色。前翅白色，横脉纹黑色，呈"L"字形，后翅白色。足白色，前、中足胫节内侧有黑斑。

分　　布：北京、河北、辽宁、吉林、黑龙江、浙江、四川、云南；朝鲜、日本、俄罗斯及欧洲地区。

寄　　主：山毛榉、栎、鹅耳枥、榛、桦、苹果、山楂、榆、杨、柳等。

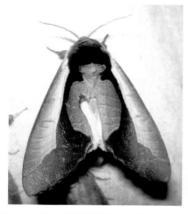

目　　名：鳞翅目 Lepidoptera

科　　名：舟蛾科 Notodontidae

中文名称：核桃美舟蛾

别　　名：核桃天社蛾、核桃舟蛾

学　　名：*Uropyia meticulodina*（Oberthür）

识别特征：雄蛾翅展 44 ~ 53 毫米，雌蛾翅展 53 ~ 63 毫米。头赭色；胸背部暗棕色；前翅暗棕色，前后缘各有 1 个黄褐色大斑，前者几乎占满了中室以上的整个前缘区，呈大刀形，后者半椭圆形，每斑内各有 4 条衬亮边的暗褐色横线，横脉纹暗褐色；后翅淡黄色，后缘色较暗。

分　　布：河北、黑龙江、辽宁、山东、江苏、浙江、江西、福建、湖北、湖南、陕西、四川；朝鲜、日本、俄罗斯。

寄　　主：核桃、胡桃。

毒蛾科
Lymantridae

目　　名：鳞翅目 Lepidoptera
科　　名：毒蛾科 Lymantridae
中文名称：折带黄毒蛾
别　　名：黄毒蛾、柿叶毒蛾、杉皮毒蛾
学　　名：*Euproctis flava*（Bremer）

识别特征：雄蛾体长 10 毫米左右，翅展 30 毫米左右，雌蛾翅展 37 毫米左右。体鲜黄色。前翅鲜黄色；内、外线浅黄色，从前缘呈弧形外弯至中室后缘，再向内弯至后缘；两线间黄褐色，呈折带状；顶角下方沿外缘有 2 个黑褐色圆点；缘毛与翅面同色；后缘毛较长。后翅淡黄色；缘毛与翅面同色。

分　　布：北京、河北、山东、黑龙江、吉林、辽宁、河南、陕西、四川、贵州、江苏、安徽、湖北、浙江、江西、湖南、福建、广西、广东；朝鲜、日本、俄罗斯。

毒蛾科
Lymantridae

目　　名：鳞翅目 Lepidoptera
科　　名：毒蛾科 Lymantridae
中文名称：豆盗毒蛾
别　　名：并点黄毒蛾
学　　名：*Euproctis piperita*（Oberthür）
识别特征：翅展 25～35 毫米；体翅柠檬黄色，前翅基部至亚外缘具不规则棕色斑，其上散布黑褐色鳞片，在翅基 1/3 具明显的分界线；翅近外缘具黑褐色斑 3 个；近顶角处 1 个，中部 2 个；后缘中央具黑色长鳞片。

分　　布：北京、内蒙古、黑龙江、河北、山西、河南、山东、江苏、浙江、安徽、福建、江西、湖北、湖南、广东、四川；日本、朝鲜、俄罗斯。

寄　　主：豆类、楸等。

目　　名：鳞翅目 Lepidoptera
科　　名：毒蛾科 Lymantridae
中文名称：戟盗毒蛾
学　　名：*Euproctis pulverea*
　　　　　（Leech）

识别特征：雄蛾翅展 20～22 毫米，雌蛾翅展 30～33 毫米；淡橙黄色，前翅黄褐色，前缘和外缘淡橙黄色，黄褐色部分布满黑褐色鳞片或减少，外缘部分鳞片带银色反光，并在端部和中部向外突出，或达外缘；后翅黄色，基半部棕色或黄色。

分　　布：北京、河北、山东、江苏、浙江、安徽、福建、台湾、湖北、湖南、广西、四川；日本、朝鲜、俄罗斯。

寄　　主：刺槐、苹果、榆等。

目　　名：鳞翅目 Lepidoptera
科　　名：毒蛾科 Lymantridae
中文名称：幻带黄毒蛾
学　　名：*Euproctis varians*
　　　　　（walker）

识别特征：翅展 18～30 毫米。体浅橙黄色；前翅内横线和外横线黄白色，近于平行，向外凸，两线间色稍浓，无暗色鳞片；后翅浅黄色。

分　　布：北京、河北、山西、河南、山东、陕西、上海、江苏、安徽、浙江、福建、台湾、湖北、湖南、广东、广西、四川、云南；马来西亚、印度。

目　　名：鳞翅目 Lepidoptera
科　　名：毒蛾科 Lymantridae
中文名称：榆黄足毒蛾
别　　名：榆毒蛾
学　　名：*Ivela ochropoda* (Eversmann)
识别特征：体长 8～12 毫米，翅展 23～37 毫米。下唇须鲜黄色。体和翅白色。前翅密生大而粗的鳞毛。翅脉白色，翅顶较圆。前足腿节端半部、胫节和跗节鲜黄色，中足、后足胫节端半部和跗节鲜黄色。

分　　布：北京、河北、辽宁、吉林、黑龙江、山西、内蒙古、山东、河南、陕西；朝鲜、日本、俄罗斯。
寄　　主：榆、旱柳。

毒蛾科
Lymantridae

古毒蛾
Orgyia antiqua (Linnaeus)

目　　名：鳞翅目 Lepidoptera
科　　名：毒蛾科 Lymantridae
中文名称：古毒蛾
学　　名：*Orgyia antiqua* (Linnaeus)
识别特征：雄蛾体长 8～10 毫米，翅展 25～28 毫米。触角雌蛾短，干黄色，雄蛾触角干浅棕灰色。体灰棕色微带黄色。前翅棕黄色，中室后缘近基部有一褐色圆斑，不甚清晰；内线褐色，外弓；横脉纹新月形，深橙黄色，外边褐色；外线褐色，较宽，微锯齿形，从前缘至 M_1 脉外伸，M_1 脉至 M_2 脉较直，M_2 脉至 Cu_1 脉内斜，然后内弯至后缘，外线与亚端线间褐色，前缘色淡，在 Cu_2 与 1A 脉间有一半圆形白斑；缘毛黄褐色有深褐色斑。后翅色泽与前翅相同，基部和后缘色暗，无明显花纹。

分　　布：北京、河北、山西、内蒙古、辽宁、吉林、黑龙江、山东、河南、西藏、甘肃、宁夏；朝鲜、日本、蒙古、俄罗斯及欧洲。
寄　　主：杨、柳、桦、桤木、榛、山毛榉、栎、梨、李、苹果、山楂、槭、云杉、松、落叶松、大麻、花生、大豆。

毒蛾科
Lymantridae

目　　名：鳞翅目 Lepidoptera
科　　名：毒蛾科 Lymantridae
中文名称：盗毒蛾
别　　名：黄尾毒蛾、金毛虫、桑叶毒蛾、桑毛虫
学　　名：*Porthesia similis*（Fuessly）
识别特征：翅展 30～45 毫米；腹端半部黄色；触角干白色，栉齿黄棕色；前翅基部有时有 1 个黑斑，后缘近臀角处具 2 个黑斑，有时不明显或消失。

分　　布：北京、河北、陕西、青海、内蒙古、吉林、黑龙江、山东、江苏、浙江、江西、福建、台湾、广西、湖南、四川、湖北、河南、甘肃、上海；日本、朝鲜、俄罗斯及欧洲。

寄　　主：杨、柳、桦、白桦、榛、桤木、山毛榉、栎、桑、山楂、蔷薇、刺槐、泡桐、杏、桃、梅、忍冬、花楸、黄檗。

毒蛾科
Lymantridae

目　　名：鳞翅目 Lepidoptera
科　　名：毒蛾科 Lymantridae
中文名称：柳毒蛾
别　　名：杨雪毒蛾、杨毒蛾
学　　名：*Stilpnotia candida*（Staudinger）
识别特征：体长 10～20 毫米，翅展 34～54 毫米。触角雌蛾栉齿状，黑褐色；雄蛾羽毛状，灰褐色；触角干黑白相同。全体白色，具丝绢状光滑。前、后翅白色，翅面上鳞片宽，排列稠密。雄蛾胸部前足间无灰色毛。足白色，胫节和跗节有黑色环纹。

分　　布：北京、河北、吉林、辽宁、黑龙江、江苏、四川、河南、台湾、内蒙古、陕西、宁夏、甘肃、新疆、青海、湖南、山东、山西、湖北、安徽；朝鲜、日本、俄罗斯、蒙古、加拿大及欧洲。

寄　　主：杨、柳、桦、榛、槭、白蜡等。

目　　名：鳞翅目 Lepidoptera

科　　名：鹿蛾科 Ctenuchidae

中文名称：广鹿蛾

学　　名：*Amata emma*（Butler）

识别特征：翅展 24~36 毫米；体背黑褐色具蓝紫光泽，颈板黄色，腹背面各节具黄带，腹面黑褐色；触角端白色；前后翅黑褐色，前翅具 6 个透明斑，从翅基呈 1－2－3 排列，中间 2 个最大；后翅后缘基部黄色，中部具有 1 个大透明斑。

分　　布：北京、山西、河北、山东、江苏、浙江、江西、福建、湖北、湖南、广东、广西、四川、贵州、云南；缅甸、印度。

目　　名：鳞翅目 Lepidoptera

科　　名：鹿蛾科 Ctenuchidae

中文名称：黑鹿蛾

学　　名：*Amata ganssuensis*（Grum – Grshimailo）

识别特征：成虫翅展 26～36 毫米。体翅黑色，带有深蓝色光泽。前翅具 6 个、后翅
　　　　　具 2 个白斑。腹部第 1 节和第 5 节具橙黄色带。

分　　布：北京、河北、山西、内蒙古、黑龙江、山东、陕西、甘肃、青海。

目　　名：鳞翅目 Lepidoptera

科　　名：灯蛾科 Arctiidae

中文名称：红缘灯蛾

学　　名：*Amsacta lactinea*（Cramer）

识别特征：体长 18～20 毫米。雄蛾翅展 46～56 毫米，雌蛾翅展 52～64 毫米。体、翅白色，前翅前缘及颈板端部红色，腹部背面除基节及肛毛簇外橙黄色，并有黑色横带，侧面具黑纵带，亚侧面 1 列黑点，腹面白色。触角线状黑色。前翅中室上角常具黑点；后翅横脉纹常为黑色新月形纹，亚端点黑色，1～4 个或无。

分　　布：全国各地；朝鲜、日本、印度、斯里兰卡、缅甸及爪哇岛、苏门答腊岛等。

灯蛾科
Arctiidae

白雪灯蛾
Chionarctia nievens（Menetries）

目　　名：鳞翅目 Lepidoptera

科　　名：灯蛾科 Arctiidae

中文名称：白雪灯蛾

别　　名：白灯蛾

学　　名：*Chionarctia nievens*（Menetries）

识别特征：雄蛾翅展 55～70 毫米，雌蛾翅展 70～80 毫米。白色。下唇须基部红色，第 3 节红色，触角分支黑色，前足基节及前、中、后足腿节上方红色；腹部除基部和端部外，侧面有红斑，背面与侧面具 1 列黑点。翅狭长，正面无斑。

分　　布：北京、河北、陕西、内蒙古、东北、河南、山东、浙江、福建、江西、湖北、湖南、广西、四川、贵州、云南；日本、朝鲜。

寄　　主：大豆、高粱、麦、车前、蒲公英等。

目　　名：鳞翅目 Lepidoptera
科　　名：灯蛾科 Arctiidae
中文名称：头橙华苔蛾
学　　名：*Ghoria gigantean*（Oberthür）
识别特征：翅展 32～43 毫米。头、颈板橙黄色。胸部灰褐色。翅灰褐色，前翅前缘带黄色、较宽，至翅顶渐尖削，前缘基部有细的黑边。腹部灰褐色。

分　　布：北京、辽宁、黑龙江、山西、陕西、浙江；日本、朝鲜、俄罗斯。

目　　名：鳞翅目 Lepidoptera
科　　名：灯蛾科 Arctiidae
中文名称：淡黄望灯蛾
别　　名：淡黄污灯蛾
学　　名：*Lemyra jankowskii*（Oberthüer）
识别特征：翅展 35～48 毫米。淡橙黄色。触角下唇须上方及额的两边黑色。前翅淡橙黄色，中室上角具 1 个暗褐点，M_2 脉至 2A 脉具 1 斜列暗褐色点带。后翅白色稍染黄色，中翅端点暗褐；亚端点暗褐色，或多或少存在。腹部背面红色，基节、端节和腹面白色背面、侧面具黑点列。

分　　布：北京、陕西、内蒙古、辽宁、黑龙江、陕西、青海、河北、山西、山东、江苏、浙江、湖北、四川、云南；日本、朝鲜。

寄　　主：榛、珍珠梅等。

目　　名：鳞翅目 Lepidoptera
科　　名：灯蛾科 Arctiidae
中文名称：四点苔蛾
学　　名：*Lithosia quadra*（Linnaeus）

识别特征：雌蛾翅展 42～58 毫米，雄蛾翅展 36～48 毫米。雄蛾额、触角黑色；头顶、颈板、翅基片、雄橙色；前翅灰色，基部橙色，前缘基部有一黑褐带；后翅橙黄色，前缘区暗褐色；腹部橙色，基部灰色，末端及腹面的端半部黑色。雌蛾橙黄色，前翅前缘中央及 Cu_2 脉中部各有一发光的蓝绿色点。

分　　布：北京、河北、辽宁、吉林、黑龙江、内蒙古、陕西、云南；日本、朝鲜、俄罗斯及欧洲。

寄　　主：松、苹果。

目　　名：鳞翅目 Lepidoptera
科　　名：灯蛾科 Arctiidae
中文名称：美苔蛾
学　　名：*Miltochrista miniata*（Forest）

识别特征：翅展 22～30 毫米。头、胸黄色，雄蛾腹端部及腹面染黑色。前翅黄色，基部有黑点，前缘基部黑边；前缘区红色，与红色端线相接；内线黑色，

在中室及中室下方折角，向后缘渐退化，或常完全退化；中室端 1 个黑点；外线黑色，齿状，从前缘下方斜向 2A 脉。后翅淡黄色，端区红色。

分　　布：北京、河北、黑龙江、辽宁、内蒙古、山西、四川；朝鲜、日本、俄罗斯及欧洲。

目　　名：鳞翅目 Lepidoptera

科　　名：灯蛾科 Arctiidae

中文名称：优美苔蛾

学　　名：*Mitochrista striata*（Bremer et Bery）

识别特征：雄蛾翅展 28~45 毫米，雌蛾翅展 37~52 毫米。头、胸黄色，颈板及翅基片黄色红边；前翅底黄色或红色，雄蛾红色，雌蛾以黄色为主；后翅底色雄蛾淡红色，雌蛾黄色或红色；前翅亚基点、基点黑色，内线由黑灰色点连成，中线黑灰色点状，不相连；外线黑灰色、较粗，在中室上角外方分叉至顶角。前、后翅缘毛黄色。

分　　布：北京、河北、吉林、河南、山东、陕西、甘肃、江苏、浙江、江西、福建、广东、广西、海南、四川；日本。

目　　名：鳞翅目 Lepidoptera

科　　名：灯蛾科 Arctiidae

中文名称：人纹污灯蛾

别　　名：红腹白灯蛾、人字纹灯蛾

学　　名：*Spilarctia subcarnea*（Walker）

识别特征：雄蛾翅展 40~46 毫米，雌蛾翅展 42~52 毫米。雄蛾头、胸黄白色，触角锯齿形、黑色；额下部黑色；下唇须红色，其顶端黑色；翅基片有时具黑点；胸足黄白色，前足基节侧面和腿节上方红色，胫节和跗节有黑带或黑斑；腹部背面除基节与端节外红色，腹面黄白色，背面、侧面及亚侧面各有 1 列黑点；前翅黄白色染肉色，通常在 1B 脉上方具有一斜列黑色内线点，中室上角通常具一黑点，从 3 脉到后缘有一斜列黑色外线点，有时减少至 1 个黑点，位于 1B 脉上方，翅顶 3 个黑点有时存在；后翅红色，缘毛白色，或后翅白色，后缘区染红色或无红色；前翅反面或多或少染红色，后翅反面中室横脉纹具黑点。雌蛾翅黄白色，无红色；后翅有时有黑色亚端点。

分　　布：北京、河北、东北、陕西、华东、华中、四川、云南、广东、台湾；日本、朝鲜、菲律宾。

寄　　主：桑、木槿、十字花科蔬菜、豆类等。

目　　名：鳞翅目 Lepidoptera

科　　名：灯蛾科 Arctiidae

中文名称：斑灯蛾

学　　名：*Pericallia matronula*（Linnaeus）

识别特征：翅展 74 ~ 92 毫米。头部黑褐色，有红斑。下唇须下方红色，上方与顶端黑色。触角基节红色，其余黑色。胸部红色，具黑褐色宽纵带。颈板及翅基片黑褐色，外缘黄色。前翅暗褐色，中室基部有一黄斑，前缘区具 3 ~ 4 个黄斑，Cu_2 脉上有时具黄色外线斑。后翅橙色，横脉纹黑色新月形，中室下方有不规则的黑色中线斑，中室外有 1 列中间断裂的黑斑。腹部红色，背面和侧面各有 1 列黑点，亚腹部具 1 列黑斑。

分　　布：北京、宁夏、内蒙古、辽宁、吉林、黑龙江、河北；日本、俄罗斯以及欧洲。

寄　　主：柳、忍冬、车前、蒲公英等。

目　　名：鳞翅目 Lepidoptera

科　　名：灯蛾科 Arctiidae

中文名称：肖浑黄灯蛾

学　　名：*Rhyparioides amurensis*（Bremer）

识别特征：雌蛾翅展 50 ~ 60 毫米，雄蛾翅展 43 ~ 56 毫米。雄蛾深黄色。触角暗褐色，额黑色。下唇须上方黑色，下方红色。前翅前缘具黑边，中线黑点在前缘及后缘处各有 2 ~ 3 个，中室下角具 1 个黑点，中室端新月形黑纹，亚端点黑色，缘毛黄色。腹部红黄色，背面及侧面具黑点列。

分　　布：北京、河北、辽宁、吉林、黑龙江、陕西、浙江、福建、江西、湖南、湖北、广西、四川；日本、朝鲜。

寄　　主：栎、柳、榆、蒲公英等。

目　　名：鳞翅目 Lepidoptera
科　　名：灯蛾科 Arctiidae
中文名称：明痣苔蛾
学　　名：*Stigmatophora micans*（Bremer）

识别特征： 翅展 32～42 毫米。白色；头、颈板、腹部染橙黄色；前翅前缘和端线区橙黄，前缘基部黑边，亚基点黑色，内线斜置 3 个黑点，外线 1 列黑点，亚端线 1 列黑点；后翅端线区橙黄色，翅顶下方有 2 个黑色亚端点，有时 Cu_2 脉下方具有 2 黑点；前翅反面中央散布黑色。

分　　布： 北京、河北、黑龙江、辽宁、河南、山西、陕西、江苏、甘肃、四川；朝鲜。

虎蛾科
Agaristidae

艳修虎蛾
Sarbanissa venusta（Leech）

目　　名：鳞翅目 Lepidoptera
科　　名：虎蛾科 Agaristidae
中文名称：艳修虎蛾
学　　名：*Sarbanissa venusta*（Leech）

识别特征： 翅展 36～42 毫米；前翅灰白色，密布黑棕色鳞片，翅后部灰紫色，顶角区蓝紫色；环纹黑褐色，白边，大约是肾纹的一半，肾纹黑褐色或黑色，白边，外侧具明显的白色横带，稍斜；外线双线白色，中部外凸呈齿形，前后端外侧各具 1 个枣红斑；后翅杏黄色，中室端部具一黑斑，外缘大部具黑和宽带，臀角处具大黑斑。

分　　布： 北京、河北、河南、山东、上海、安徽、湖北、四川；日本、朝鲜、俄罗斯。

寄　　主： 葡萄、爬山虎。

夜蛾科
Noctuidae

目　　名：鳞翅目 Lepidoptera
科　　名：夜蛾科 Noctuidae
中文名称：桑剑纹夜蛾
学　　名：*Acronicta major*（Bremer）

识别特征：翅展 62 ~ 69 毫米；体背及前翅浅灰褐色，下唇须第 2 节具黑环；前翅具黑色基线、内线、中线和外线，其中前 3 线常仅在前半明显，外线双锯齿形，但常外 1 线黑色明显；缘线具 1 列黑点；翅基剑形纹长，翅外侧的 2 个剑形纹端；中室内的环纹不明显，肾形纹斜长圆形，中央具 1 黑条。

分　　布：北京、河北、陕西、甘肃、内蒙古、黑龙江、河南、江苏、湖北、湖南、四川、云南；日本、俄罗斯。

寄　　主：香椿、桑、桃、李、梅、梨等。

夜蛾科
Noctuiidae

目　　名：鳞翅目 Lepidoptera
科　　名：夜蛾科 Noctuiidae
中文名称：小地老虎
学　　名：*Agrotis ypsilon* Rottemberg
识别特征：体长 17 ~ 23 毫米 、翅展 40 ~ 54 毫米，头、胸部背面暗褐色，足褐色，前足胫、跗节外缘灰褐色，

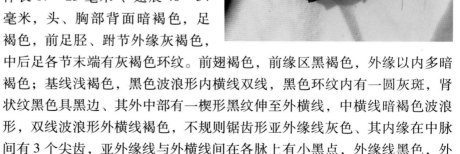

中后足各节末端有灰褐色环纹。前翅褐色，前缘区黑褐色，外缘以内多暗褐色；基线浅褐色，黑色波浪形内横线双线，黑色环纹内有一圆灰斑，肾状纹黑色具黑边、其外中部有一楔形黑纹伸至外横线，中横线暗褐色波浪形，双线波浪形外横线褐色，不规则锯齿形亚外缘线灰色、其内缘在中脉间有 3 个尖齿，亚外缘线与外横线间在各脉上有小黑点，外缘线黑色，外横线与亚外缘线间淡褐色，亚外缘线以外黑褐色。后翅灰白色，纵脉及缘线褐色，腹部背面灰色。

分　　布：全国广泛分布；世界性分布。

目　　名：鳞翅目 Lepidoptera

科　　名：夜蛾科 Noctuidae

中文名称：白线散纹夜蛾

学　　名：*Callopistria albolineola*（Graeser）

识别特征：翅展 28 毫米；雄性触角基 1/3 处弯曲呈弧形；前翅褐色，具白、黑、黄棕等色斑，翅脉黄棕色至黄白色；内线白色双线，线间黑色，外线黑色双线，线间白色，亚缘线黄白色，锯齿形，外线和亚缘线内侧具黑斑，有时黑斑可向内扩大，甚至翅面除白斑外均呈黑色或黑褐色。

分　　布：北京、河北、黑龙江；日本、朝鲜、俄罗斯。

目　　名：鳞翅目 Lepidoptera

科　　名：夜蛾科 Noctuidae

中文名称：北海道壶夜蛾

学　　名：*Calyptra hokkaida*（Wileman）

识别特征：前翅长 27.5 毫米；头胸及前翅褐色，稍带紫色；唇须短粗，密被毛；从翅的顶角到翅后缘中部具 1 条斜带，红棕色，内衬暗褐色，此斜带内具 3 条棕褐色宽斜带，翅面及胸部具众多浅色水波纹。

分　　布：北京、吉林、浙江；日本、朝鲜、俄罗斯。

寄　　主：刻叶紫堇、海斌黄堇、东亚唐松草。

目　　名：鳞翅目 Lepidoptera
科　　名：夜蛾科 Noctuidae
中文名称：平嘴壶夜蛾
学　　名：*Calyptra lata*（Butler）
识别特征：翅展 46 ~ 49 毫米；下唇须土黄
　　　　　色，下缘具长毛，前端常成平
　　　　　截状；前翅黄褐色带淡紫红色，
　　　　　呈枯叶状，顶角至后缘中部具
　　　　　一红棕色斜线，前翅外缘细波
　　　　　浪状。

分　　布：北京、河北、内蒙古、东北、山东、福建、云南；日本、朝鲜、俄罗斯。

目　　名：鳞翅目 Lepidoptera
科　　名：夜蛾科 Noctuidae
中文名称：金斑夜蛾
学　　名：*Chrysaspidia festucae*
　　　　　（Linnaeus）
识别特征：体长 15 ~ 17 毫米，翅
　　　　　展 32 ~ 37 毫米。头部
　　　　　色红褐，胸背棕红，
　　　　　腹部淡黄褐色。前翅
　　　　　黄褐，基部后缘区及

端区有炎金色斑，内、外横线棕色，翅面中部有 2 个大银斑，内侧的 1 个
在内横线与中线之间，较大，近斜方形，前角伸入中室；外侧的 1 个在外
横线与中线之间，较小，近扁圆形，其外缘暗褐，缘毛紫灰色。后翅淡黄
褐色，缘毛灰黄。

分　　布：北京、江苏、宁夏、黑龙江；朝鲜、日本、印度。

目　　名：鳞翅目 Lepidoptera
科　　名：夜蛾科 Noctuidae
中文名称：三斑蕊夜蛾
学　　名：*Cymatophoropsis trimacu-lata*（Bremer）

识别特征：体长约 15 毫米，翅展 35 毫米左右。头部黑褐色，胸部白色，翅基片端半部与后胸褐色。前翅黑褐色，基部、顶角及臀角各有一带大白边的褐斑，基部的斑大，外缘波曲外弯，斑外缘毛白色，其余黑褐色。后翅褐色，横脉纹及外线暗褐色。腹部灰褐色，前后端带白色。

分　　布：北京、河北、甘肃、黑龙江、吉林、河南、山东、江苏、浙江、安徽、江西、福建、湖北、湖南、广西、四川、云南；日本、朝鲜、俄罗斯。

目　　名：鳞翅目 Lepidoptera
科　　名：夜蛾科 Noctuidae
中文名称：粉缘钻夜蛾
别　　名：一点钻夜蛾
学　　名：*Earias pudicana*（Staudinger）

识别特征：翅展 20～21 毫米，头胸部粉绿色，中后胸粉红色，唇须粉褐色，前翅黄绿色，前缘从基部到 2/3 处具一粉白色条纹，翅中具褐色圆点，翅外缘及缘毛褐色。

分　　布：北京、黑龙江、河北、江苏、浙江、江西、四川；日本、印度。

寄　　主：柳、杨。

目　　名：鳞翅目 Lepidoptera
科　　名：夜蛾科 Noctuidae
中文名称：珀光裳夜蛾
学　　名：*Ephesia helena*（Eversmann）

识别特征：体长 25~27 毫米，翅展 63~68 毫米，头及胸部灰色杂黑棕色，额两侧有黑纹，颈板中部有一黑横线，翅基片近外缘处有黑线，下胸灰褐色。前翅青灰色带褐色，密布黑色小细点，基线黑色；亚中褶基部有一黑斑并外伸一黑纵条；内线双线黑棕色，波浪形，外一线前半部黑色，外侧灰白色；肾纹中央褐色，外围灰色黑边，其外缘锯齿形，前方一黑纹，后方黑边的灰褐色斑；外线双线，内 1 线黑色，外 1 线棕色，在 M_1 脉至 M_3 脉间有两大外凸齿，在 2A 脉上为 1 内凸齿；亚端线灰色，波浪形，两侧衬黑棕色，自 M_1 脉至顶角有一黑纹；端线为 1 列黑长点；缘毛红褐色。后翅金黄色，翅褶及后缘有黑绒毛，中带黑色波浪形，中部外弯，其后端最细；端带黑色，外缘附近黑色带宽大，内侧波浪形，中段外缘波浪形，后缘近直线；顶角处有一半圆形橙黄斑。腹部黄褐色。足灰褐色，跗节各节末端及后足胫节距灰色。

分　　布：北京、河北、黑龙江、江苏、内蒙古；蒙古。

目　　名：鳞翅目 Lepidoptera
科　　名：夜蛾科 Noctuidae
中文名称：苇实夜蛾
学　　名：*Heliothis maritima*（Graslin）

识别特征：翅展 28~36 毫米；前翅黄褐色带青绿色，中部外具 2 条锈褐色或锈红色宽带，前半分离，后半相连；环纹由中央一褐点及周围几个褐点组成，肾纹明显或不明显；缘线由 1 列黑点组成；后翅黑色，中央及翅外缘中部具宽大淡褐斑。

分　　布：北京、河北、吉林；日本、俄罗斯、蒙古、印度、巴基斯坦、中亚及欧洲。

夜蛾科
Noctuidae

目　　名：鳞翅目 Lepidoptera
科　　名：夜蛾科 Noctuidae
中文名称：缤夜蛾
别　　名：高山翠夜蛾
学　　名：*Moma alpium*（Osbeck）

识别特征： 翅展约 33 毫米。头胸部绿色。触角丝状，基部黑白相间，颈板黑色，端部白色和绿色。翅基片端部黑色，胸背有黑毛。前翅大部绿色，前缘基部有 1 黑斑，内线为一黑带，在中室后紧缩并折成一角；环纹较小黑色，其后端有一白点；中线黑色锯齿形；肾纹白色，其中部和内缘各有一黑色弧状斑纹；外线外部大部褐色；亚端线黑色锯齿形，不甚清晰；端线为 1 列三角形黑点，各黑点内侧均具 1 个白点；缘毛褐白相间。后翅褐色，端区较暗，横脉纹微黑，外线微白波浪形，后端更为清晰并在两侧衬以白色，其外方还有 1 个白色衬黑的曲状纹。腹部淡褐色，毛簇黑色。足淡褐色，跗节有褐色和白色斑。

分　　布： 北京、河北、黑龙江、湖北、江西、四川；日本、朝鲜、俄罗斯及欧洲地区。

寄　　主： 桦、栎等。

夜蛾科
Noctuiidae

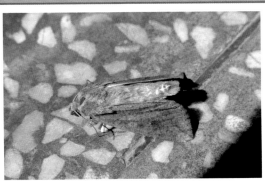

目　　名：鳞翅目 Lepidoptera
科　　名：夜蛾科 Noctuiidae
中文名称：黏虫
别　　名：粘虫、行军虫
学　　名：*Mythimna separata*（Walker）
识别特征： 成虫体长 17～20 毫米，翅展 35～45 毫米，淡黄色或淡灰褐色。前翅中央近前缘有 2 个淡黄色圆斑，外侧环形圆斑较大，后翅正面呈暗褐，反面呈淡褐，缘毛呈白色，由翅尖向斜后方有 1 条暗色条纹，中室下角处有 1 个小白点，白点两侧各有 1 个小黑点。

分　　布： 国内广布于除新疆、西藏外的其他地区；东亚、东南亚等。

目　　名：鳞翅目 Lepidoptera
科　　名：夜蛾科 Noctuidae
中文名称：绿孔雀夜蛾
别　　名：孔雀夜蛾
学　　名：*Nacna malachitis*（Oberthür）

识别特征：体长约 13 毫米，翅展 32～40 毫米。头部白色间青色。颈板粉青色及褐色，胸部背面粉色间褐色。前翅翠绿色，基部有一褐纹，中带深褐色，宽而外弯；中室有一黑环；顶角、臀角各有一白纹，其内各有一黑环，此 2条白纹外的缘毛白色，其余缘毛翠绿色。后翅白色，顶角处有淡褐纹。腹部淡褐间白色，第 4 节具黑色鳞片组成的毛簇。足跗节有白色环。

分　　布：北京、河北、黑龙江、辽宁、四川；日本、印度。

目　　名：鳞翅目 Lepidoptera
科　　名：夜蛾科 Noctuidae
中文名称：洼皮夜蛾
拉丁学名：*Nolathripa lactaria*（Graeser）
特　　征：翅展 24～27 毫米；头胸部白色，胸部背面具 2 个圆形黑褐色斑；前翅基半部银白色，端半部黄褐色，中室基部具 2 簇凸起的白色鳞片，中室端部具 2 簇凸起的黑色鳞片，外线黑色，后半部具竖起的黑色鳞片。

分　　布：北京、河北、陕西、山东、浙江、江西、湖北、四川；日本、朝鲜、俄罗斯。

目　　名：鳞翅目 Lepidoptera

科　　名：夜蛾科 Noctuidae

中文名称：苹眉夜蛾

学　　名：*Pangrapta obscurata*（Butler）

识别特征：翅展 23 ~ 25 毫米；体翅黑褐色；唇须上伸过头顶；前翅稍带紫色，内、外线均褐色，内线内衬灰白，外线外衬灰白色，亚端线衬灰白色，波浪形，外线与亚端线之间的前缘区有 1 个灰色三角形斑。

分　　布：北京、河北、黑龙江、山东、台湾、湖南；日本、朝鲜、俄罗斯。

寄　　主：苹果、梨、海棠。

夜蛾科
Noctuidae

短喙夜蛾
Panthauma egregia（Staudinger）

目　　名：鳞翅目 Lepidoptera

科　　名：夜蛾科 Noctuidae

中文名称：短喙夜蛾

学　　名：*Panthauma egregia*（Staudinger）

识别特征：翅展 52 ~ 62 毫米；胸背灰褐色，杂有白、黑、墨绿鳞毛；前翅灰褐色，布有大量墨绿色鳞片；翅基具 1 条剑形黑纹，中线双线，

黑色，波纹，前缘内侧具 1 个大黑褐斑；肾纹具白边，明显；外线双线，黑色，前半弧形外凸，后波形，前缘外线外具 1 个大黑褐斑；亚端线锯齿形，白色；缘线由 1 列三角形黑斑组成。

分　　布：北京、内蒙古、黑龙江；朝鲜、俄罗斯。

目　　名：鳞翅目 Lepidoptera
科　　名：夜蛾科 Noctuidae
中文名称：宽胫夜蛾
学　　名：*Schinia scutosa*（Goeze）
识别特征：翅展 31~35 毫米；前翅底色及翅
　　　　　脉灰白色，具褐斑；剑纹、环纹和
　　　　　肾纹，褐色黑边；外线外斜至中部
　　　　　后内折。

分　　布：北京、陕西、甘肃、青海、内蒙古、河北、山东、江苏、湖南；日本、朝
　　　　　鲜、印度、中亚至欧洲、北美。

夜蛾科
Noctuidae

棘翅夜蛾
Scoliopteryx libatrix(Linnaeus)

目　　名：鳞翅目 Lepidoptera
科　　名：夜蛾科 Noctuidae
中文名称：棘翅夜蛾
学　　名：*Scoliopteryx libatrix*（Linnaeus）
识别特征：体长 16 毫米左右，翅展 35 毫米
　　　　　左右。头部及胸部褐色；腹部灰
　　　　　褐色；前翅灰褐色，布有黑褐色
　　　　　细点，翅基部、中室端部基中室
　　　　　后橘黄色，密布血红色细点，内
　　　　　线白色，前半部微外弯，后半部
　　　　　直线外斜，环纹为 1 个白点，肾
　　　　　纹为 2 个黑点，外线双线白色，
　　　　　在前缘脉后强外伸，在 8 脉折成
　　　　　锐角内斜，3 脉后为直线，亚端

线白色，不规则波曲，端区翅脉及中脉白色，翅尖及外缘后半锯齿形；后
翅暗褐色。

分　　布：北京、河北、黑龙江、辽宁、陕西、河南、云南；日本、朝鲜、欧洲。
寄　　主：柳、杨。

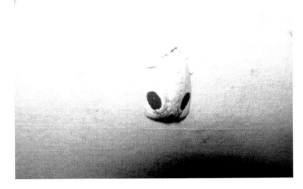

目　　名：鳞翅目 Lepidoptera
科　　名：夜蛾科 Noctuidae
中文名称：丹日明夜蛾
别　　名：丹日夜蛾
学　　名：*Sphragifera sigillata*

识别特征：体长 15 毫米左右，翅展 39 毫米左右；头、胸及前胸白色，下唇须上缘及额暗褐色，翅基片基部有一暗褐斑。腹部灰黄色，基部稍白。前翅白色，散布褐色细点，内线褐色，波浪形，肾纹窄，具褐色边。外线褐色，在肾纹前后可见，压端区有一大棕褐色斑，近似桃形，亚端线褐色，较粗，后半部清晰，起自 6 脉。端线黑褐色，锯齿形，缘毛除顶角处以外均褐色，后缘毛白色；后翅白色带赭色，端区色较深；腹部灰黄色，基部稍白。

分　　布：北京、河北、黑龙江、辽宁、陕西、河南、浙江、福建、四川、云南；日本、俄罗斯。

目　　名：鳞翅目 Lepidoptera
科　　名：凤蝶科 Papilionidae
中文名称：绿带翠凤蝶
学　　名：*Papilio maackii*（Ménétriès）
识别特征：翅展 75 ~ 125 毫米。翅黑色，满布金绿色鳞片。雄蛾前后翅各有 1 条明显的绿带，雌蛾的绿带不显著。后翅外缘

有 6 个新月形红斑，臀角有 1 个中间带有黑点的圆形红斑，翅反面更为明显。

分　　布：北京、河北、辽宁、吉林、黑龙江、四川、云南、湖北、江西、台湾；日本、朝鲜、俄罗斯。

目　　名：鳞翅目 Lepidoptera
科　　名：凤蝶科 Papilionidae
中文名称：柑橘凤蝶
别　　名：花椒凤蝶、黄凤蝶、桔凤蝶、黄菠萝凤蝶、黄聚凤蝶
学　　名：*Papilio xuthus*（Linnaeus）

识别特征：成虫有春型和夏型两种。春型体长 21～24 毫米，翅展 69～75 毫米；夏型体长 27～30 毫米，翅展 91～105 毫米。雌蛾略大于雄蛾，色彩不如雄蛾艳，两型翅上斑纹相似，体淡黄绿至暗黄，体背中央有黑色纵带，两侧黄白色。前翅黑色近三角形，近外缘有 8 个黄色月牙斑，翅中央从前缘至后缘有 8 个由小渐大的黄斑，中室基半部有 4 条放射状黄色纵纹，端半部有 2 个黄色新月斑。后翅黑色；近外缘有 6 个新月形黄斑，基部有 8 个黄斑；臀角处有 1 个橙黄色圆斑，斑中心为一黑点，有尾突。

分　　布：全国各省。

凤蝶科
Papilionidae

丝带凤蝶
Sericenus montelus（Gray）

目　　名：鳞翅目 Lepidoptera
科　　名：凤蝶科 Papilionidae
中文名称：丝带凤蝶
别　　名：软尾凤蝶、细尾凤蝶
学　　名：*Sericenus montelus*（Gray）

识别特征：体长 16～23 毫米，翅展 54～66 毫米。体背黑色。触角较短，末端尖向上弯。下唇须较长而平直。复眼后及胸侧有红毛。腹部腹面有 1 条红色或黄白色线。分春、夏型，雌雄与春夏型的翅的斑纹均不相同。夏型：体明显大，尾状突细长，雄蛾翅底淡黄色，前翅中室中部、端部和顶角处均具黑斑纹，后翅亚端线部位从前缘到臀角具不规则弧形黑斑纹，臀角附近有红色区及蓝色斑点；雌蛾翅密被淡褐色斜形带纹，前翅中室具波状白色纹。春型：体型较小，尾状突较短，雄蛾前后翅亚端线部位有 4～5 个小红斑；雌蛾性翅面斜形带纹黑褐色。

分　　布：北京、河北、陕西、吉林、辽宁、黑龙江、宁夏、甘肃、河南、江苏、山东；朝鲜。

目　　名：鳞翅目 Lepidoptera

科　　名：粉蝶科 Pieridae

中文名称：绢粉蝶

别　　名：树粉蝶、梅白蝶、苹果粉蝶、山楂粉蝶、菜粉蝶

学　　名：*Aporia crataegi*（Linnaeus）

识别特征：体长 20 ~ 24 毫米，翅展 56 ~ 67 毫米。体背黑色，密被灰白色绒毛。触角黑色，锤端黄褐色。翅面白色微黄，无斑纹，脉纹黑色。前翅中室前缘和前后翅外缘及脉端，具黑色鳞片；端线黑色，无缘毛。雌体较雄体略大，翅面鳞片稀少，呈半透明状。翅反面黄白色；后翅具黑色鳞片，以后室后 Cu_2 脉和 2A 脉间最多，越近翅基越密，雌性黑色鳞较稀疏。

分　　布：北京、河北、山东、山西、河南、陕西、四川、青海、甘肃、宁夏、新疆、内蒙古、辽宁、吉林、黑龙江、浙江、安徽、湖北、西藏；朝鲜、日本、俄罗斯、中亚、欧洲北部、北美洲、非洲。

粉蝶科
Pieridae

斑缘豆粉蝶
Colias erate Esper

目　　名：鳞翅目 Lepidoptera

科　　名：粉蝶科 Pieridae

中文名称：斑缘豆粉蝶

学　　名：*Colias erate* Esper

识别特征：体长约 18 毫米，翅展约 45 毫米。触角呈锤状，顶端膨大，紫红色。前翅基半部火黄色，靠近前缘处有一小黑圆斑；外半部黑色，有 6 个黄色斑。后翅基半部黑褐色，具黄色粉霜，中央具有一火黄色圆斑；外缘 1/3 呈黑色，有 6 个黄色圆点。

分　　布：国内分布广泛；日本、印度、欧洲东部。

目　　名：鳞翅目 Lepidoptera

科　　名：粉蝶科 Pieridae

中文名称：淡色钩粉蝶

别　　名：锐角翅粉蝶

学　　名：*Gonepteryx aspasia*（Ménétriés）

识别特征：体长 18～21 毫米，翅展 48～66 毫米。翅较薄，略窄长。前翅顶角显著凸出呈尖锐的钩状；前后翅中室端橙色斑较小，但后翅的橙色斑仍较前翅的大。雄蛾前翅鲜黄、后翅略淡；雌蛾前后翅淡黄绿色。翅反面黄白色，中室端斑暗褐色，较正面为小；外缘暗褐色小点清晰。

分　　布：北京、河北、陕西、青海、台湾、吉林、黑龙江；朝鲜、日本。

寄　　主：鼠李、枣、酸枣。

粉蝶科
Pieridae

菜粉蝶
Pieris rapae（Linnaeus）

目　　名：鳞翅目 Lepidoptera

科　　名：粉蝶科 Pieridae

中文名称：菜粉蝶

别　　名：白粉蝶、白蝴蝶、菜白蝶、菜花蝶

学　　名：*Pieris rapae*（Linnaeus）

识别特征：体长 15～19 毫米，翅展 4～55

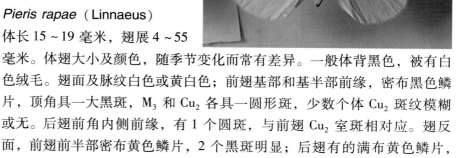

毫米。体翅大小及颜色，随季节变化而常有差异。一般体背黑色，被有白色绒毛。翅面及脉纹白色或黄白色；前翅基部和基半部前缘，密布黑色鳞片，顶角具一大黑斑，M_3 和 Cu_2 各具一圆形斑，少数个体 Cu_2 斑纹模糊或无。后翅前角内侧前缘，有 1 个圆斑，与前翅 Cu_2 室斑相对应。翅反面，前翅前半部密布黄色鳞片，2 个黑斑明显；后翅有的满布黄色鳞片，前缘 1 个黑斑常不明显或缺。雌蛾前翅基部黑色区域较大，翅面黄白色，黑色斑稍大，后翅及翅反面斑纹与雄蛾同。

分　　布：全国各地；朝鲜、日本、俄罗斯、非洲、北美洲。

寄　　主：十字花科植物。

粉蝶科
Pieridae

目　　名：鳞翅目 Lepidoptera

科　　名：粉蝶科 Pieridae

中文名称：云斑粉蝶

别　　名：云粉蝶、花粉蝶

学　　名：*Pontia edusa*（Fabricius）

识别特征：体长 12~22 毫米，翅展 33~53 毫米。前翅白色，正面中室端有 1 个大的黑色斑，顶角处黑带上有 3~4 个小白斑；后翅反面黄绿色，从前缘经外缘到内缘有 9~10 个近圆形的短白斑。

分　　布：在国内除广东、海南外广泛分布；朝鲜、俄罗斯、欧洲。

眼蝶科
Satyridae

目　　名：鳞翅目 Lepidoptera

科　　名：眼蝶科 Satyridae

中文名称：多眼蝶

学　　名：*Kirinia epimenides*（Staudinger）

识别特征：体长 16~19 毫米，翅展 53~62 毫米。翅暗褐至淡褐色。前翅中室内有 3 条深褐色横曲纹，1 条自基部弯向前缘，中部 1 条向后延伸至中室外，端部 1 条中间突出伸达横脉；中室外侧有 2 条深褐色波状横带纹，靠里 1 条，在 M_3 与 R_5 脉之间一段较平直，靠外 1 条较宽，其后端与端带中部相交；顶角内有一黑褐色眼斑，外具淡黄褐色环；缘毛淡黄褐色，脉端暗褐色。后翅基部大半部分较深，纹环不清晰，外部色较淡；端带暗褐色，其内侧有 6 个黑褐色眼状斑，外缘波状。前翅反面淡黄褐色，斑纹与正面同，但非常清晰明显。后翅反面灰褐色，基半部不规则的曲线纹与脉纹交织成多个封闭小室；亚端区内具 6 个深褐色眼状斑，均具白心和淡色及暗褐色双重环；端线暗褐色加重。

分　　布：北京、河北、青海、陕西、辽宁、吉林、黑龙江、山东、山西、河南、甘肃、湖北、四川、浙江、江西、福建、内蒙古；朝鲜、日本、俄罗斯。

目　　名：鳞翅目 Lepidoptera

科　　名：眼蝶科 Satyridae

中文名称：白眼蝶

别　　名：稻白眼蝶

学　　名：*Melanargia halimede*（Ménétriès）

识别特征：体长 15 ~ 20 毫米，翅展 51 ~ 65 毫米。体背黑褐色。触角黑色。翅底白色，脉纹黑褐色。前翅中室端部至顶角有 2 条不规则的黑褐色斜带，顶角及端带黑色，缘毛黑白相间呈齿状，后缘具较宽的黑褐带。后翅大部分白色，外缘 2 条平行的黑褐线内侧，有 1 列淡色月形斑。翅反面，前翅白色，顶角色淡，2 条斜带及后缘带纹稍狭细，色略淡；后翅黄白，翅中部有 1 条褐曲线纹，与脉纹构成许多封闭小室，淡黑褐色亚端带内有 6 个眼状斑，第 3 个和第 4 个最大，斑心由 2 个小白点愈合而成，眼斑具黄褐色环。

分　　布：北京、河北、陕西、四川、青海、山东、内蒙古、山西、辽宁、吉林、黑龙江、甘肃、宁夏、河南、湖北；朝鲜、蒙古、俄罗斯。

目　　名：鳞翅目 Lepidoptera

科　　名：眼蝶科 Satyridae

中文名称：矍眼蝶

别　　名：东亚矍眼蝶

学　　名：*Ypthima motschulskyi*（Bremer et Gray）

识别特征：翅展 30 ~ 40 毫米。体翅赭黑色。前翅亚端线上端有 2 个大眼斑，另有 2 个小眼斑；后翅亚端线有 5 个由上向下逐渐增大的眼斑。翅反面翅脉银白色。前翅中室区及其附近为赭色。前翅端部的黑眼斑内有顶角，内方有 2 个蓝白色瞳点；后翅亚外缘有 6 个黑色眼斑，其中后角 2 个较小且相连。

分　　布：北京、河北、陕西、青海、广东、河南、湖南、台湾、西藏；日本、东南亚等。

目　　名：鳞翅目 Lepidoptera

科　　名：蛱蝶科 Nymphalidae

中文名称：柳紫闪蛱蝶

别　　名：幻紫蛱蝶、闪紫蛱蝶、小紫蝶、小蛱蝶、柳蛱蝶

学　　名：*Apatura ilia*（Denis et Schiffermüller）

识别特征：翅展 55～72 毫米。体翅颜色有暗黄褐色和黑褐色（称黑色型或黑化型）两种，都具强烈的紫色闪光。前翅中室内有 4 个呈方形排列的小黑斑，中室端与顶角尖有 2 斜列黄白色（黑色型为白色）斑带；中室后 3 个白斑，第 3 个近后缘很小，有的极不明显；Cu_1 室内具黄环的圆黄斑显著。后翅中带黄白或白色，Cu_1 室有 1 个同样的带黄褐环的黑斑，黑褐色端带内侧有一淡黄褐色带纹，黑色型则为斑列。反面，前翅淡黄褐色，黑色型则为黄褐微绿，Cu_2 室斑内侧黑褐，近后角黑褐斑明显；后翅灰黄绿色，中带外侧色略淡，亚端区有 1 列不十分显著的黄褐色斑纹，Cu_1 室黑斑中央具青灰色鳞。

分　　布：北京、河北、山西、内蒙古、陕西、青海、四川、山东、宁夏、辽宁、吉林、黑龙江；朝鲜、日本、俄罗斯、西欧地区。

寄　　主：柳、杨、山杨。

目　　名：鳞翅目 Lepidoptera
科　　名：蛱蝶科 Nymphalidae
中文名称：孔雀蛱蝶
学　　名：*Inachis io*（Linnaeus）

识别特征：翅展 53~63 毫米。体背黑褐，被棕褐色短绒毛。翅基部暗褐色。前翅后半部朱红色，中室内有 1 个楔形黑斑，端外有 1 个较大的黑斑；顶角内侧有一似孔雀尾斑纹，其斑外半环具青蓝色鳞点，斑心上黑下红；暗褐色端带上有 1 列 4~5 个黄白色小点。后翅色暗，中室下方暗朱红色，前角内有一同样的孔雀尾斑纹，斑中间有青蓝色鳞点，斑纹内侧有 1 个黑褐弯月形斑。翅反面暗褐，满布密集的黑褐色波状纹，外缘均具 1 个齿状突；后翅中央 1 条黑色波状纹尤其明显。

分　　布：北京、河北、吉林、青海、陕西、黑龙江、辽宁、山西、云南、宁夏、甘肃、新疆；朝鲜、日本、俄罗斯、西欧地区。

蛱蝶科
Nymphalidae

红线蛱蝶
Limenitis populi（Linnaeus）

目　　名：鳞翅目 Lepidoptera
科　　名：蛱蝶科 Nymphalidae
中文名称：红线蛱蝶
学　　名：*Limenitis populi*（Linnaeus）
识别特征：翅展 62~70 毫米。体翅黑色。前翅中室内有 1 个白色横斑，中室顶端和下方共 6 个白斑，翅端另有 3 个白斑，亚端线由多个红斑点组成，

该线上部清楚，下部不清楚。后翅亚端线红色，清楚，由多个红斑组成。

分　　布：北京、河北、吉林、河南、山西、陕西、青海、甘肃、西藏、新疆、四川；日本以及欧洲地区。

寄　　主：山杨、蒿柳等。

目　　名：鳞翅目 Lepidoptera

科　　名：蛱蝶科 Nymphalidae

中文名称：白斑迷蛱蝶

别　　名：大闪蛱蝶

学　　名：*Mimathyma schrenckii*（Ménétrès）

识别特征：翅展 76～89 毫米，体背黑褐色，腹面青灰白色，密被绒毛。翅面黑褐色。前翅基部无斑纹，中室端外侧有 1 列白色斜纹；前部 3～4 斑相连，后部 2 个斑远离；顶角内侧有 2 个斜列的小白斑；前一较长，后一呈点状；后缘中部有 1 个似后翅中央大白斑向前突出的青白色斑，其外前方具 2 个橙黄色弯月斑，前 1 个最明显。后翅中部近前缘大白斑卵圆形，其外侧缘聚闪光的蓝灰色鳞片。翅反面，前翅中室基部灰蓝色，端部深玫瑰色，内聚 3 个黑斑，近端部 1 个长形较大，顶角处银白微绿，其他斑纹较正面大而明显。

分　　布：河北、陕西、黑龙江、吉林、河南、山西、甘肃、四川、云南、湖北、福建；朝鲜、俄罗斯。

蛱蝶科
Nymphalidae

白距朱桦蛱蝶
Nymphalis vau – album（Schiffermüller）

目　　名：鳞翅目 Lepidoptera

科　　名：蛱蝶科 Nymphalidae

中文名称：白距朱桦蛱蝶

别　　名：桦蛱蝶

学　　名：*Nymphalis vau – album*（Schiffermüller）

识别特征：翅展 60～65 毫米。翅面橙红色，基部暗褐。翅面颜色较暗。前翅中室有 2 个近圆形黑斑，顶角有短的黄白色斜纹，其内侧有 1 个黑斑；中室外后方 M_3 和 Cu_2 室各 1 个黑斑，Cu_2 室 2 个黑斑；端带双线，内 1 条黑褐色较宽，外 1 条褐色略狭。在前翅端区、前缘中部和中下部、近基部各有 1 块白斑。后翅中部前缘有 1 个较大的蓝色鳞片。

分　　布：北京、河北、新疆、吉林、山西、云南；朝鲜、日本、俄罗斯。

目　　名：鳞翅目 Lepidoptera

科　　名：蛱蝶科 Nymphalidae

中文名称：小环蛱蝶

别　　名：弓箭蝶、小三字蝶

学　　名：*Neptis sappho*（Pallas）

识别特征：翅展 46～53 毫米。体背及翅面黑色或黑褐色，翅正反面斑纹白色。前翅中室有 1 条由基部伸向中室外的白色纵纹，断续状，内段向基部渐细，外段呈三角形；由前缘 2/3 处起，经过后缘中部有 6～7 个斑纹与后翅中带连接成 1 条环形带纹，沿外缘内侧有 1 列小斑。后翅亚端带略呈弧形，外缘无明显斑纹。翅反面褐色，斑纹较正面显著宽大，后翅基部有 1 条纵纹，中带与亚端带中间有 1 条细而较直的线纹；沿外缘有 2 条平行细线纹，内 1 条明显。

分　　布：北京、河北、东北、河南、陕西、湖北、四川、甘肃、云南、台湾；日本、朝鲜、印度、巴基斯坦、欧洲地区。

寄　　主：胡枝子。

目　　名：鳞翅目 Lepidoptera
科　　名：蛱蝶科 Nymphalidae
中文名称：白钩蛱蝶
学　　名：*Polygonia c – album*（Linnaeus）

识别特征：有春型和秋型的区别，使色彩和外形有较大的差异。春型翅黄褐色，秋型带红色，反面秋型黑褐色。双翅外缘的角突顶端春型稍尖，秋型浑圆。但后翅反面均有"L"形银色纹，秋型尤醒目。与黄钩蛱蝶相似，但前翅正面靠近根基部，没有黑斑，且翅缘较钝。

分　　布：全国广大地区；日本、朝鲜、尼泊尔、不丹、锡金、欧洲等。

寄　　主：大麻、黄麻、朴、榆、忍冬。

目　　名：鳞翅目 Lepidoptera
科　　名：蛱蝶科 Nymphalidae
中文名称：黄钩蛱蝶
学　　名：*Polygonia c – aureum*（Linnaeus）

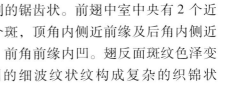

识别特征：翅展 49～54 毫米。体背黑褐色，被棕褐色长毛。触角背黑褐，腹面基部及外侧有白色鳞片，端部黄褐。翅面橙红色，斑纹黑色，外缘呈不规则的锯齿状。前翅中室中央有 2 个近圆形斑，端部 1 个较大，中室后部 3 个斑，顶角内侧近前缘及后角内侧近后缘各具 1 个斑，后翅中部 3 个斑纹，前角前缘内凹。翅反面斑纹色泽变化颇大，多黄褐或青灰色，由不规则的细波纹状纹构成复杂的织锦状花纹。

分　　布：北京、河北、陕西、四川、吉林、青海；日本、朝鲜、尼泊尔、不丹、俄罗斯以及西欧、北非。

寄　　主：大麻、黄麻、朴、榆、忍冬。

目　　名：鳞翅目 Lepidoptera

科　　名：蛱蝶科 Nymphalidae

中文名称：大红蛱蝶

别　　名：大赤蛱蝶、赤蛱蝶、苎麻蛱蝶、苎麻赤蛱蝶

学　　名：*Vanessa indica*（Herbst）

识别特征：翅展 53～63 毫米。体背深黑褐色，密被绒毛。触角黑褐，端尖黄白。前翅顶角突出呈钩状，顶角端部平截；翅面黑色，基部及后缘暗褐，近中部有 1 条由前缘伸向后角宽而不规则的橙黄色的斜带纹，近顶角有几个大小不一样的白斑：中室端外一个长形、最大，M_2 室一个近方形，其余均明显小。后翅暗褐色，端带橙黄色，其中带有 4～5 个小黑斑，内侧有 1 列不规则的黑斑，臀角黑褐，具青蓝色鳞片。前翅反面顶角茶褐色，中室端及外缘中部具青蓝色鳞片；后翅为浓淡不均的茶褐、黄褐、暗褐等色组成的复杂的云状纹，外缘色浅，其内常具青蓝色连续的带纹，内侧有 4～5 个由眼状纹和黑斑组成的斑列。

分　　布：北京、河北、陕西、青海、宁夏、湖南、四川、台湾、辽宁、吉林、黑龙江；朝鲜、日本、菲律宾、新西兰、缅甸、斯里兰卡。

寄　　主：榆、桦、马尾松、苎麻、荨麻、黄麻、赤松、葎草等。

目　　名：鳞翅目 Lepidoptera

科　　名：灰蝶科 Lycaenidae

中文名称：琉璃灰蝶

别　　名：醋栗灰蝶

学　　名：*Celastrina argiolus* L.

识别特征： 翅展 20 ~ 30 毫米。翅面正面灰蓝色，有闪光；缘毛白色。雌雄蝶在前后翅正面的斑纹有很大的差异，雄翅面无斑纹，暗褐色端带较狭；雌翅前缘及暗褐色端带很宽。反面底色灰白色，外缘内侧有 3 列黑褐色细的斑纹。斑点黑色或灰色，各斑的色泽不均匀统一。

分　　布： 北京、河北、黑龙江、吉林、辽宁、青海、陕西、河南、山西、山东、浙江、江西、湖南、福建、四川、贵州、云南、甘肃；欧洲、北非、北美、日本、朝鲜。

寄　　主： 刺槐、胡枝子、蚕豆、醋栗、苹果、山楂、李等。

目　　名：鳞翅目 Lepidoptera

科　　名：灰蝶科 Lycaenidae

中文名称：蓝灰蝶

别　　名：蓝蝶、燕蓝灰蝶

学　　名：*Cupido argiades*（Pallas）

识别特征：翅展 18～25 毫米；雄蝶正面为蓝色，前翅中室端有小细横纹，外缘黑色，缘毛白色；后翅外缘有 1 列黑色小斑，其内侧有橙黄斑，其余周围具青蓝色鳞片，有的斑连成短带状；尾状突黑色，末端白色。雌蝶的夏型翅面黑褐，前翅无斑纹，后翅近臀角有 2～4 个黑斑及橙黄斑；雌蝶的春型前翅基部及后翅外缘多具青蓝色鳞片。雌雄蝶翅反面底色以灰白色为主，前翅中室端有黑色细横纹，外缘 3 列黑斑：内列整齐清楚，外列模糊；后翅外缘具 3 列小黑斑：内列不整齐，中列和外列之间夹有黄斑列；中室端细横纹极细而不显著，中室内和前缘各有 1 个黑点。

分　　布：北京、河北、陕西、四川、辽宁、吉林、黑龙江、河南、山东、西藏、云南、浙江、福建、江西、台湾、海南；朝鲜、日本、北美洲、北欧。

目　　名：鳞翅目 Lepidoptera
科　　名：灰蝶科 Lycaenidae
中文名称：红珠灰蝶
别　　名：大豆斑灰蝶
学　　名：*Lycaeides argyrognomon*（Berg-straesser）

识别特征：体长 9～12 毫米，翅展 28～33 毫米。雄蝶前翅蓝色微紫，闪光性较差，端线狭细而清晰；后翅外缘黑斑稍大而明显。反面，前翅中室内无斑，只端横脉具一黑色新月斑，近外缘橙黄色斑色深，互相连成带状；后翅亚端区黄色斑明显连成带状，带外侧 1 列斑圆形较大，而斑中饰有青蓝色金属光泽鳞片，端线黑色，脉端黑色点明显，缘毛白色较长。雌蝶翅面近黑褐色，外缘黑斑与橙黄色斑发达而明显；反面色灰褐，斑纹与雄蝶的相同，但较大些。

分　　布：北京、河北、陕西、青海、辽宁、吉林、黑龙江、山东、山西、河南、四川、甘肃、新疆；朝鲜、日本、欧洲。

目　　名：鳞翅目 Lepidoptera
科　　名：灰蝶科 Lycaenidae
中文名称：乌洒灰蝶
学　　名：*Satyrium pruni*（Linnaens）

识别特征：体长 9～11 毫米，翅展 40 毫米左右。翅面黑褐，无斑纹。雄蝶前翅中室端靠前有 1 个近椭圆形的淡色香鳞区。后翅尾状突起尖细，端尖白色。翅反面灰褐色，前翅亚端线白色，其外侧有不明显的橙色带痕迹；后翅有"W"形白线纹，白纹内侧饰有黑褐色细线，端线橙红色，其内侧具黑色新月形斑 1 列，其外侧具黑色点，近臀角 2 个黑点大而显著，外缘有 1 条细白线。

分　　布：北京、河北、辽宁、吉林、黑龙江、山西、河南、四川；朝鲜、日本、欧洲。

寄　　主：李、桃、樱桃等。

目　　名：鳞翅目 Lepidoptera

科　　名：灰蝶科 Lycaenidae

中文名称：玄灰蝶

学　　名：*Tongeia fischeri*（Eversmann）

识别特征：翅展 24 ~ 27 毫米，体背黑色，翅面黑褐色，前翅中室端具黑色细横纹，常不明显。后翅外缘隐约可见黑色斑 1 列，内侧有不显著的红色新月斑，尾状突极细短。翅反面暗灰色，斑纹黑色具白边，中室端斑明显，外缘 3 列黑斑纹：内列近后缘 2 个斑明显内靠，中列斑较大，外列斑较小；后翅基部有 4 个黑斑排成 1 列，近外缘两列斑间有橙黄色斑列，雌的翅反面色较暗，斑纹较粗大。

分　　布：北京、河北、陕西、黑龙江、辽宁、山东、山西、河南、江西、福建、台湾；朝鲜、日本。

目　　名：鳞翅目 Lepidoptera

科　　名：弄蝶科 Hesperiidae

中文名称：河伯锷弄蝶

学　　名：*Aeromachus inachus*（Ménétriès）

识别特征：翅展 24 毫米。深褐色。前翅中横白斑弧形排列，后翅无斑纹，中室端有 1
　　　　　个白点。翅反面，前翅前半部有 2 半列白斑，后翅斑纹蛛网状。

分　　布：北京、河北、吉林、黑龙江、辽宁、陕西、甘肃、浙江、山西、山东、河
　　　　　南、湖北、湖南、福建、台湾、四川、贵州、云南；日本、朝鲜。

目　　名：鳞翅目 Lepidoptera

科　　名：弄蝶科 Hesperiidae

中文名称：双带弄蝶

学　　名：*Lobocla bifasciata*（Bremer et Grey）

识别特征：体长 35 ~ 37 毫米。体背及翅面，雄蝶棕褐色，雌蝶黑褐色，斑纹均为白色。前翅后缘淡灰褐色，中部有前缘斜向臀角的由 5 个斑块组成的 1 条宽带纹：第 1 斑近前缘较细长，第 3 斑靠外，第 5 斑最小；近顶角内侧有 3 个小斑与宽带平行排列，雌的则常为 4 个小斑列，但第 1 个极细小；后翅无斑。翅反面较正面色较淡，斑纹同正面。

分　　布：北京、河北、山西、黑龙江、辽宁、山东、河南、陕西、甘肃、湖北、四川、浙江、福建、广东、台湾、云南、西藏；朝鲜、俄罗斯。

目　　名：鳞翅目 Lepidoptera

科　　名：弄蝶科 Hesperiidae

中文名称：花弄蝶

别　　名：花斑弄蝶、斑弄蝶

学　　名：*Pyrgus maculatus*（Bremer et Grey）

识别特征：翅展 27 ~ 30 毫米。体背及翅面黑色，翅基及后翅内缘区被灰绿色细

绒毛。前翅中部有 7 个白斑组成横列，中室端 2 个最大，近前缘 2 个最小，极不明显；中室端外侧有 1 条细而不显著的横短线纹，亚端区有前缘至后缘由 9 个大小不一的白斑组成弯曲的 1 列斑纹，缘毛较长，黑色相间。后翅中央有 3 个白斑明显，其外侧有 4 ~ 6 个 1 列微小的淡色点，极模糊不清。翅反面，基部暗褐色，顶角红褐色，外缘淡黄褐色，内有 1 列圆形褐斑；其余斑纹发达。

分　　布：北京、河北、辽宁、吉林、黑龙江、内蒙古、山西、山东、河南、浙江、江西、湖北、福建、广东、四川、云南；朝鲜、日本、蒙古、俄罗斯。

膜翅目
Hymenoptera

目　　名：膜翅目 Hymenoptera

科　　名：叶蜂科 Tenthredinidae

中文名称：榆叶蜂

学　　名：*Arge captiva* Smith

识别特征：雌虫体长 8.5～11.5 毫米，翅展 16.5～24.5 毫米，雄虫较小，体具金属
　　　　　　光泽。头部蓝黑色，唇基上区具有明显的黑色中脊触角，圆筒形，大约等
　　　　　　于头部和胸部之和，雌虫触角长 6～8 毫米。胸部部分橘红色，中胸背板
　　　　　　完全为橘红色，小质片有时蓝黑色。翅体烟褐色。足全部蓝黑色。

分　　布：北京、河北、吉林、辽宁、内蒙古、河南、山东。

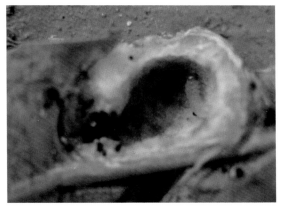

目　　名：膜翅目 Hymenoptera

科　　名：叶蜂科 Tenthredinidae

中文名称：柳厚壁叶蜂

别　　名：柳瘿叶蜂

学　　名：*Pontania postulator* Forsius

识别特征： 成虫体长为 6 毫米左右，翅展为 16 毫米左右。体土黄色，有黑色斑纹，翅脉多为黑色。雄成虫尚未发现。卵椭圆形，黄白色。幼虫老熟时体长为 15 毫米左右，黄白色，稍弯曲，体表光滑有背皱。胸足 3 对，腹足 8 对。幼虫在垂柳叶脉一侧形成虫瘿。

分　　布： 北京、天津、辽宁、吉林、内蒙古、陕西、山东、河北和四川等地。

目　名：膜翅目 Hymenoptera

科　名：泥蜂科 Sphecidae

中文名称：黄腰泥蜂

学　名：*Sceliphuron tubifex* Latreille

识别特征：雌蜂体长 20～28 毫米，黑色。触角柄节的前端、前胸背板上的 2 个点、后胸背板上的 1 条横线、中胸侧板上的 1 条纹、前足及中足腿节、后足转节、腿节及胫节基半部和第 1 跗节及腹柄等为黄色。头、胸部刻点多，并胸腹节多横纹，腹部平滑。头胸部及尾端有短毛。翅黄褐色，翅端有灰色斑，翅脉黑色。腹柄细长。雄蜂：体略小，其他特征与雌蜂同。

分　布：北京、河北、河南、四川。

目　　名：膜翅目 Hymenoptera

科　　名：土蜂科 Scoliidae

中文名称：厚长腹土蜂

学　　名：*Campsomeris grossa* Fabricius

识别特征：体长 21～30 毫米，体黑色。后头，前胸背板，中胸盾片，小盾片，后胸背板，并胸腹节背面及第 1 腹节密生黄褐色长毛，密布有金色光泽的长毛，足上散生浅黄色长毛。体毛色泽及腹部斑纹常有变化。

分　　布：北京、河北、浙江；朝鲜、日本、印度、缅甸。

目　　名：膜翅目 Hymenoptera

科　　名：胡蜂科 Vespidae

中文名称：三带沟蜾蠃

学　　名：*Ancistrocerus trifasciatus* Muller

识别特征： 体长约 10 毫米，头部全黑色，前胸背板截形，肩角黄色，中胸背板黑色，密布黄色长毛，小盾片黑色，中央有小黄斑，后小盾片黑色，足黑色，并胸腹节黑色，腹部第 1 ~ 3 节大部分黑色，仅端部边缘处黄色，其余各节黑色。

分　　布： 北京；蒙古、朝鲜、日本、俄罗斯。

目　　名：膜翅目 Hymenoptera

科　　名：胡蜂科 Vespidae

中文名称：陆蜾蠃

学　　名：*Eumenes mediterraneus* Kriechbaumer

识别特征： 雌蜂体长约 11 毫米。唇基为黑色，覆有短毛，近弧形。上唇暗棕色。上颚黑褐色。前胸背板前缘宽，覆有短毛。翅为浅褐色。前足、中足和后足的基节、转节均为黑色。雄蜂体长约 9 毫米。与雌蜂极相近似，但体略小。唇基无黑色，全为黄色，长明显大于宽。触角鞭节末端呈钩状。腹部 7 节。

分　　布： 北京、河北、黑龙江、吉林、山东、山西、江苏、新疆；蒙古、朝鲜、俄罗斯、欧洲、中亚。

胡蜂科
Vespidae

角马蜂
Polistes antennalis Perez

目　　名：膜翅目 Hymenoptera

科　　名：胡蜂科 Vespidae

中文名称：角马蜂

学　　名：*Polistes antennalis* Perez

识别特征： 雌蜂体长 11 ~ 13 毫米。头部宽度略大于胸部。2 触角窝之间有 1 个黄色横斑，2 复眼外缘及内缘下方各有 1 个黄色斑，额部及头顶黑色。触角支角突黑色。唇基黄色，上颚黄色。前胸前缘黄色，两侧前部各有 1 个黄色斑，其余部位为黑色，与中胸背板连接处黄色，中胸背板黑色；小盾片横形。两侧各有 1 个纵形略呈半月形的黄斑。腹部第 1 节中部黑色，两侧及后缘黄色；第 2 腹节黑色，两侧各有 1 个斜形黄斑；第 3 ~ 5 腹节前缘黑色，其余部分均为黄色；第 6 腹节背板近三角形，黄色。雄蜂近似雌蜂，体长 14 ~ 15 毫米。前足基节、转节均黄色，中、后足基节、转节均黄色。腹部 7 节。

分　　布： 北京、河北、山东、吉林、内蒙古、山西、新疆、甘肃、贵州、江苏、安徽、浙江、福建。

目　　名：膜翅目 Hymenoptera
科　　名：胡蜂科 Vespidae
中文名称：黑盾胡蜂
学　　名：*Vespa bicolor* Fabricius

识别特征：雄蜂体长约 21 毫米。头较胸窄，两触角窝间隆起，黄色，额黑色，布刻点，有棕色长毛。唇基端部有 2 个钝圆齿突。触角柄节背部黑色，腹面淡黄色，鞭节背面黑色，腹面锈色。前胸背板中部隆起，黄色，中胸背板黑色，小盾片黄色。后小盾片五边形。并胸腹节与小盾片相邻处黑色，其余黄色，形成"Y"形纹。前、后胸侧板、翅基片、足黄色。腹部除第 1 节基柄处和第 2 节基部黑色外，其余黄色；第 3 ~ 5 背板中部两侧各有一棕色小斑。雄蜂体长 24 毫米。唇基无明显突起的 2 个齿。腹部 7 节。

分　　布：北京、河北、陕西、四川、浙江、福建、广东、广西。

目　　名：膜翅目 Hymenoptera
科　　名：胡蜂科 Vespidae
中文名称：细黄胡蜂
学　　名：*Vespula flaviceps*（Smith）

识别特征：雌蜂体长约 13 毫米。头宽略等于胸宽。触角窝间黄斑处隆起，复眼内缘下侧黄色。触角黑色；唇基中央有黑色纵斑，其余黄色，端部有浅凹陷。前胸背板前缘弧形，黑色，仅邻中胸背板处黄色；中胸背板黑色；小盾片黑色，前缘两侧各有 1 块黄斑；后小盾片端部中央角状突起，黑色，仅前缘两侧各有 1 块黄斑；并胸腹节与后胸侧板全呈黑色；中胸侧板除上部有 1 块黄斑外，全呈黑色。各骨片刻点细浅，被黑色毛。翅基片内缘黄色，其余棕色。各足基节、转节均黑色。雄蜂腹部 7 节。

分　　布：北京、河北、黑龙江、辽宁、山西、江苏、浙江、福建、台湾、广东、香港、云南、西藏；日本、朝鲜、俄罗斯、印度、东南亚地区。

目　　名：膜翅目 Hymenoptera

科　　名：蜜蜂科 Apidae

中文名称：中华蜜蜂

学　　名：*Apis cerana* Fabricius

识别特征：工蜂体长 10~13 毫米，头胸部黑色，腹部黄黑色，全身被黄褐色绒毛。

分　　布：北京、河北、河南、云南、贵州、四川、广西、福建、广东、湖北、安徽、湖南、江西。

目　　名：膜翅目 Hymenoptera

科　　名：蜜蜂科 Apidae

中文名称：黄胸木蜂

学　　名：*Xylocopa appendiculata* Smith

识别特征： 雌蜂体长 24 ~ 25 毫米，黑色，胸部及腹部第 1 节背板被黄毛。头宽于长，腹部各节背板刻点不均匀。翅褐色，端部较深。中胸及小盾片密被黄色长毛；前足胫节外侧毛黄色，足的其他各节被红黑色毛，腹部第 1 节背板前缘被稀黄毛，腹部末端后缘被黑毛。雄蜂体长 24 ~ 26 毫米，后足第 1 跗节末端内侧具半圆形凹陷。唇基、额、上颚基部及触角前侧鲜黄色。腹部第 5 ~ 6 节背板

被黑色长绒毛，各足第 1 跗节外缘被黄褐色长毛。

分　　布： 北京、河北、山西、辽宁、陕西、甘肃、河南、山东、江苏、浙江、安徽、江西、湖北、湖南、福建、广东、海南、广西、四川、贵州、云南、西藏；俄罗斯、日本、朝鲜。

中文索引

A

阿尔泰天牛 / 94
艾旌蚧 / 30

B

白斑蚶花金龟 / 78
白斑迷蛱蝶 / 231
白毒蛾 / 199
白钩蛱蝶 / 233
白距朱桦蛱蝶 / 231
白蜡窄吉丁 / 73
白线散纹夜蛾 / 215
白星花金龟 / 79
白须天蛾 / 166
白雪灯蛾 / 207
白眼蝶 / 228
斑灯蛾 / 211
斑头蝉 / 20
斑须蝽 / 51
斑衣蜡蝉 / 24
斑缘豆粉蝶 / 225
邦内特姬螽 / 16
北海道壶夜蛾 / 215
北京灰象 / 127
扁刺蛾 / 146
缤夜蛾 / 219
波氏栉甲 / 81
波水蜡蛾 / 162
波原缘蝽 / 46

波赭缘蝽 / 47
伯瑞象蜡蝉 / 25
薄翅天牛 / 99

C

菜蝽 / 52
菜粉蝶 / 226
草地螟 / 156
草履蚧 / 31
草小卷蛾 / 149
侧带内斑舟蛾 / 194
茶翅蝽 / 54
长褐卷蛾 / 150
长眉眼尺蛾 / 186
长尾管蚜蝇 / 135
长叶异痣螅 / 4
朝鲜褐球蚧 / 36
朝鲜毛球蚧 / 34
赤条蝽 / 53
赤杨镰钩蛾 / 172
赤缘吻红萤 / 86
稠李巢蛾 / 141
臭椿沟眶象 / 123
樗蚕 / 162
窗耳叶蝉 / 23
锤胁跷蝽 / 50
刺槐蚜 / 27
刺角天牛 / 103
枞灰尺蛾 / 177
粗绿丽金龟 / 77

醋栗尺蛾 / 172

D

达氏琵甲 / 80
大草蛉 / 64
大黑鳃金龟 / 76
大红蛱蝶 / 234
大黄长角蛾 / 140
大灰食蚜蝇 / 136
大桥造虫 / 174
大青叶蝉 / 22
大球胸象 / 125
丹日明夜蛾 / 223
淡黄望灯蛾 / 208
淡色钩粉蝶 / 226
盗毒蛾 / 204
稻棘缘蝽 / 44
点蜂缘蝽 / 48
点线锦织蛾 / 142
蝶青尺蛾 / 180
东北栎毛虫 / 160
东方原缘蝽 / 45
豆盗毒蛾 / 201
豆荚野螟 / 157
短柄大蚊 / 130
短带长毛象 / 122
短点边土蝽 / 59
短额负蝗 / 15
短喙夜蛾 / 221
短毛斑金龟 / 80
短扇舟蛾 / 189
短星翅蝗 / 12
盾天蛾 / 169
多斑豹蠹蛾 / 148
多带天牛 / 103
多眼蝶 / 227
多异瓢虫 / 86

E

厄内斑舟蛾 / 194

二点织螟 / 150
二色赤猎蝽 / 40
二色普缘蝽 / 47

F

仿白边舟蛾 / 190
粉缘钻夜蛾 / 217
斧木纹尺蛾 / 186
副锥同蝽 / 50

G

甘薯蜡龟甲 / 107
柑橘凤蝶 / 224
戈壁黄痣蛇蛉 / 68
古毒蛾 / 203
光肩星天牛 / 95
广斧螳 / 8
广腹同缘蝽 / 46
广鹿蛾 / 205
龟纹瓢虫 / 92
国槐尺蛾 / 175

H

汉优螳蛉 / 65
蒿金叶甲 / 110
河伯锷弄蝶 / 239
核桃美舟蛾 / 200
核桃鹰翅天蛾 / 163
褐斑蝉 / 20
褐边绿刺蛾 / 143
褐巢螟 / 152
褐纹叩头甲 / 74
黑斑蚀叶野螟 / 156
黑带食蚜蝇 / 134
黑点粉天牛 / 101
黑盾胡蜂 / 248
黑腹栉角萤 / 85
黑鹿蛾 / 206
黑蕊尾舟蛾 / 190
黑叶蝉 / 23

黑缘红瓢虫 ／ 87

黑缘梨角野螟 ／ 155

横带红长蝽 ／ 43

横纹菜蝽 ／ 52

红翅伪叶甲 ／ 106

红点唇瓢虫 ／ 87

红腹毛蚊 ／ 131

红褐斑腿蝗 ／ 13

红环瓢虫 ／ 93

红双线免尺蛾 ／ 181

红天蛾 ／ 165

红头丽蝇 ／ 136

红线蛱蝶 ／ 230

红缘灯蛾 ／ 207

红缘天牛 ／ 97

红珠灰蝶 ／ 237

红足壮异蝽 ／ 49

厚长腹土蜂 ／ 245

花胫绿纹蝗 ／ 14

花弄蝶 ／ 240

华北蝼蛄 ／ 15

桦绿卷叶象 ／ 119

桦树棉蚜 ／ 35

槐羽舟蛾 ／ 198

环斑猛猎蝽 ／ 41

环缘奄尺蛾 ／ 187

幻带黄毒蛾 ／ 202

黄斑波纹杂枯叶蛾 ／ 158

黄斑长翅卷蛾 ／ 148

黄波花蚕蛾 ／ 160

黄刺蛾 ／ 144

黄二星舟蛾 ／ 191

黄钩蛱蝶 ／ 233

黄褐前凹锹甲 ／ 75

黄灰呵尺蛾 ／ 173

黄基赤蜻 ／ 3

黄栌胫跳甲 ／ 114

黄栌丽木虱 ／ 25

黄脉天蛾 ／ 166

黄胸木蜂 ／ 250

黄腰泥蜂 ／ 244

黄腰雀天蛾 ／ 167

黄衣 ／ 2

灰带食蚜蝇 ／ 135

J

基线纺舟蛾 ／ 193

棘翅夜蛾 ／ 222

戟盗毒蛾 ／ 202

简喙象 ／ 124

角顶尺蛾 ／ 179

角马蜂 ／ 247

金斑夜蛾 ／ 216

金黄螟 ／ 153

金绿宽盾蝽 ／ 58

金绿真蝽 ／ 56

菊四目绿尺蛾 ／ 178

绢粉蝶 ／ 225

矍眼蝶 ／ 228

K

康氏粉蚧 ／ 32

壳点红蚧 ／ 37

孔雀蛱蝶 ／ 230

枯斑翠尺蛾 ／ 183

库式歧角螟 ／ 151

宽翅曲背蝗 ／ 12

宽胫夜蛾 ／ 222

阔胫萤叶甲 ／ 112

L

蓝灰蝶 ／ 236

蓝目天蛾 ／ 171

榄绿歧角螟 ／ 151

梨冠网蝽 ／ 41

梨光叶甲 ／ 119

梨黄卷蛾 ／ 149

李枯叶蛾 ／ 158

丽金舟蛾 ／ 197

栎绿尺蛾 ／ 176

栎星吉丁 / 73

栎掌舟蛾 / 195

栗六点天蛾 / 168

连斑奥郭公 / 82

菱纹叶蝉 / 22

琉璃灰蝶 / 235

柳毒蛾 / 204

柳厚壁叶蜂 / 243

柳蓝叶甲 / 116

柳沫蝉 / 21

柳木蠹蛾 / 147

柳十八斑叶甲 / 110

柳蚜 / 26

柳紫闪蛱蝶 / 229

六斑绿虎天牛 / 98

隆脊绿象 / 120

陆蜾蠃 / 247

绿边芫菁 / 84

绿步甲 / 70

绿带翠凤蝶 / 223

绿孔雀夜蛾 / 220

绿尾大蚕蛾 / 161

绿芫菁 / 84

绿叶碧尺蛾 / 188

栾多态毛蚜 / 29

萝藦艳青尺蛾 / 173

M

麻步甲 / 70

麻皮蝽 / 51

麻竖毛天牛 / 105

马铃薯瓢虫 / 91

马奇异春蜓 / 2

毛黄鳃金龟 / 76

美苔蛾 / 209

蒙古木蠹蛾 / 147

棉蝗 / 13

明痣苔蛾 / 213

膜肩网蝽 / 42

木橑尺蛾 / 176

N

泥红槽缝叩甲 / 75

黏虫 / 219

牛虻 / 132

女贞尺蛾 / 182

P

平背天蛾 / 164

平嘴壶夜蛾 / 216

苹斑芫菁 / 85

苹果红脊角蝉 / 21

苹果烟尺蛾 / 185

苹枯叶蛾 / 159

苹眉夜蛾 / 221

苹蚁舟蛾 / 199

苹掌舟蛾 / 196

珀蝽 / 57

珀光裳夜蛾 / 218

葡萄天蛾 / 163

Q

七星瓢虫 / 88

槭隐头叶甲 / 112

浅翅斑蜂虻 / 132

青辐射尺蛾 / 179

青冈头蚧 / 36

秋四脉绵蚜 / 29

曲纹花天牛 / 99

全蝽 / 55

R

人纹污灯蛾 / 210

忍冬尺蛾 / 187

日本巢红蚧 / 38

日本条螽 / 17

绒星天蛾 / 165

S

三斑蕊夜蛾 / 217

三带沟蜾蠃 / 246
三点盲蝽 / 60
三环苜蓿盲蝽 / 61
桑白盾蚧 / 38
桑尺蛾 / 185
桑剑纹夜蛾 / 214
桑天牛 / 94
桑异脉木虱 / 26
十二斑褐菌瓢虫 / 92
十星瓢萤叶甲 / 113
十一星瓢虫 / 89
石榴囊毡蚧 / 32
双斑松天牛 / 102
双簇污天牛 / 100
双带弄蝶 / 240
双黑红蚧 / 37
双曲条跳甲 / 115
双条杉天牛 / 104
双线织蛾 / 142
霜天蛾 / 169
水木坚蚧 / 35
丝带凤蝶 / 224
丝棉木金星尺蛾 / 174
四斑绢野螟 / 155
四点苔蛾 / 209
四黄斑吉丁 / 74
四纹丽金龟 / 78
四星尺蛾 / 184
松树皮象 / 122

T

桃粉大尾蚜 / 28
桃红颈天牛 / 96
桃展足蛾 / 143
桃蛀螟 / 154
天幕毛虫 / 159
铜绿丽金龟 / 77
头橙华苔蛾 / 208

W

洼皮夜蛾 / 220

豌豆彩潜蝇 / 137
网目拟地甲 / 82
苇实夜蛾 / 218
乌洒灰蝶 / 237

X

细黄胡蜂 / 248
小菜蛾 / 141
小地老虎 / 214
小豆长喙天蛾 / 167
小环蛱蝶 / 232
小青花金龟 / 79
肖浑黄灯蛾 / 212
玄灰蝶 / 238
雪尾尺蛾 / 184

Y

芽斑虎甲 / 71
艳修虎蛾 / 213
杨白剑舟蛾 / 197
杨白毛蚜 / 28
杨二尾舟蛾 / 188
杨目天蛾 / 171
杨潜叶跳象 / 126
杨叶甲 / 111
异色瓢虫 / 90
银二星舟蛾 / 192
樱桃隙毡蚧 / 33
优美苔蛾 / 210
油菜叶露尾甲 / 72
油葫芦 / 16
疣蝗 / 14
榆大盘毡蚧 / 34
榆黄叶甲 / 118
榆黄足毒蛾 / 203
榆绿天蛾 / 164
榆绿萤叶甲 / 117
榆叶蜂 / 242
榆紫叶甲 / 108
玉米螟 / 157

元参棘趾野螟 / 154

圆斑卷象 / 120

缘点尺蛾 / 182

云斑白条天牛 / 98

云斑粉蝶 / 227

Z

枣桃六点天蛾 / 168

窄掌舟蛾 / 195

赵氏瘿孔象 / 121

折带黄毒蛾 / 201

直脉青尺蛾 / 177

中国绿刺蛾 / 145

中国螳瘤蝽 / 39

中华单羽食虫虻 / 133

中华地鳖 / 6

中华东蚁蛉 / 65

中华婪步甲 / 71

中华萝藦叶甲 / 109

中华蜜蜂 / 249

中华食蜂郭公虫 / 83

中华螳螂 / 9

中华通草蛉 / 64

舟山简天牛 / 100

紫光盾天蛾 / 170

紫蓝曼蜻 / 55

紫条尺蛾 / 175

纵坑切梢小蠹 / 126

棕污斑螳 / 10

拉丁文索引

A

Abraxas grossulariata（Linnaeus） / 172

Acleris fimbriana Thunberg / 148

Acronicta major（Bremer） / 214

Actias ningpoana （C. Felder et R. Felder） / 161

Adelphocoris fasciaticollis Reuter / 60

Adelphocoris triannulatus Stal / 61

Adonia variegate Goeze / 86

Aeromachus inachus （Ménétriès） / 239

Agathia carissima（Butler） / 173

Agrilus planipennis Fairmaire / 73

Agrotis ypsilon Rottemberg / 214

Agrypnus argillaceus Solsky / 75

Aiolopus tamulus （Fabricius） / 14

Amarysius altajensis Laxmann / 94

Amata emma（Butler） / 205

Amata ganssuensis （Grum – Grshimailo） / 206

Ambrostoma quadriimpressum Motschlsky / 108

Ambulyx schauffelbergeri Bremer et Grey / 163

Ampelophaga rubiginosa （Bremer et Grey） / 163

Amsacta lactinea （Cramer） / 207

Anania verbascalis（Denis et Schiffermüller） / 154

Ancistrocerus trifasciatus Muller / 246

Anisogomphus maacki Selys / 2

Anomala corpulenta Motschulsky / 77

Anomoneura mori Schwarz / 26

Anoplophora glabripennis （Motschulsky） / 95

Apatura ilia （Denis et Schiffermüller） / 229

Aphis farinosa Gmelin / 26

Aphis robiniae Macchiati / 27

Aphomia zelleri（Joannis） / 150

Aphrophora intermedia Uhier / 21

Apis cerana Fabricius / 249

Aporia crataegi（Linnaeus） / 225

Apriona germarii Hope / 94

Archips breviplicana （Walsingham） / 149

Arctotnis l – nigrum （Müller） / 199

Arge captiva Smith / 242

Arichanna haunghui（Yang） / 173

Aromia bungii Faldermann / 96

Ascotis selenaria （Schiffermüller et Denis） / 174

Asias halodendri Pallas / 97

Atractomorpha sinensis Bolvar / 15

B

Batocera lineolata Chevrolat / 98

Beesonia napiformis （Kuwana） / 36

Bibio rufiventris（Duda） / 131

Blaps davidis Deyrolle / 80

Brahmaea undulata（Bremer et Grey） / 162

Byctiscus betulae Linnaeus / 119

C

Callambulyx tatarinnovi（Bremer et Grey） / 164

Calliphora vicina Robineall / 136

Calliptamus abbreviatus Ikonn / 12

Callopistria albolineola（Graeser） / 215

Calophya rhois （Löw） / 25

Calospolos suspecta（Warren） / 174

Calothysanis amata recompta Prout / 175

Calyptra hokkaida(Wileman) / 215

Calyptra lata(Butler) / 216

Campsomeris grossa Fabricius / 245

Carabus brandti Faldermann / 70

Carabus smaragdinus Fischer von Waldheim / 70

Catantops pinguis Stal / 13

Cechenena minor (Bulter) / 164

Celastrina argiolus L. / 235

Celypha flavipalpana(Herrich – Schaffer) / 149

Cerura menciana(Moore) / 188

Chaitophorus populialbae (Boyer de Fonscolombe) / 28

Chiasmia cinerearia(Bremer et Grey，1853) / 175

Chilocorus kuwanae Silvestri / 87

Chilocorus rubldus Hope / 87

Chionarctia nievens (Menetries) / 207

Chlorophanus lineolus Motsulschy / 120

Chlorophorus sexmaculatus Motschulsky / 98

Chondracris rosea De Geer / 13

Chromatomyia horticola Goureau / 137

Chrysaspidia festucae (Linnaeus) / 216

Chrysobothris affinis Fabricius / 73

Chrysochus chinensis Baly / 109

Chrysolina aurichalcea (Mannerheim) / 110

Chrysomela populi Linnaeus / 111

Chrysomela salicivorax Fairmaire / 110

Chrysopa pallens(Rambur) / 64

Chrysoperla sinica (Tjeder) / 64

Cicadella viridis Linnaeus / 22

Cicindela gemmata Faldermann / 71

Cletus punctiger Dallas / 44

Clinterocera mandarina(Westwood) / 78

Clostera albosigma curtuloides(Erschoff) / 189

Cnidocampa flavescens(Walker) / 144

Cnizocoris sinensis Kormilev / 39

Coccinella septempunctata Linnaeus / 88

Coccinella undecimpunctata Linnaeus / 89

Coccotorus chaoi Chen / 121

Colias erate Esper / 225

Comibaena delicatior (Warren) / 176

Conogethes punctiferalis (Guenée) / 154

Cophinopoda chinensis Fabricius / 133

Coreus marginatus orientalis Kiritshenko / 45

Coreus potanini Jakovlev / 46

Cossus mongolicus (Ersohoff) / 147

Cryptocephalus mannerheimi Gebler / 112

Cteniopinus potanini Heyd / 81

Culcula panterinria(Bremer et Grey) / 176

Cupido argiades(Pallas) / 236

Cymatophoropsis trimaculata(Bremer) / 217

D

Deilephila elpenor lewisi(Butler) / 165

Deileptenia ribeata (Clerck) / 177

Dictyophara patruelis Stal / 25

Didesmococcus koreanus Borchsenius / 34

Dolbina tancrei(Staudinger) / 165

Dolycoris baccarum(Linnaeus) / 51

Drepana curvatula(Borkhauser) / 172

Drosicha corpulenta (Kuwana，1902) / 31

Ducetia japonica (Thunberg) / 17

Dudusa sphingiformis(Moore) / 190

E

Earias pudicana(Staudinger) / 217

Enaptorrhinus convexiusculus Herer / 122

Endotricha kuznetzovi Whalley / 151

Endotricha olivacealis(Bremer) / 151

Ephesia helena(Eversmann) / 218

Episyrphus balteata De Geer / 134

Eriococcus lagerostromiae Kuwana / 32

Eristalis cerealis Fabricius / 135

Eristalis tenax Linnaeus / 135

Erthesina fullo (Thunberg) / 51

Euchloris albocostaria(Bremer) / 178

Eucryptorrhynchus brandti Harold / 123

Euhampsonia cristata(Butler，1877) / 191

Euhampsonia splendida(Oberthür) / 192

Eumantispa harmandi (Navás) / 65

Eumenes mediterraneus Kriechbaumer / 247

Eupolyphaga sinensis Walker ／ 6

Euproctis flava(Bremer) ／ 201

Euproctis piperita (Oberthür) ／ 201

Euproctis pulverea(Leech) ／ 202

Euproctis varians(walker) ／ 202

Euroleon sinicus Navas ／ 65

Eurydema dominulus (Scopoli) ／ 52

Eurydema gebleri Kolenati ／ 52

F

Fusadonta basilinea(Wileman) ／ 193

G

Gastropacha quercifolia(Linnaeus) ／ 158

Geometra valida Felder et Rogenhofer ／ 177

Ghoria gigantean (Oberthür) ／ 208

Glyphodes quadrimaculalis (Bremer et Grey) ／ 155

Gonepteryx aspasia (Ménétriés) ／ 226

Goniorhynchus butyrosus(Bulter) ／ 155

Graphosoma rubrolineata (Westwood) ／ 53

Gryllotalpa unispina Saussure ／ 15

Gryllus testaceus Walker ／ 16

H

Haematoloecha nigrorufa Stal ／ 40

Halyomorpha picus Fabricius ／ 54

Harmonia axyridis (Pallas) ／ 90

Harpalus sinicus Hope ／ 71

Hegesidemus habrus Darke ／ 42

Heliothis maritima(Graslin) ／ 218

Hemerophila emaria (Bremer) ／ 179

Hemipenthes velutina (Meigen) ／ 132

Henosepilachna vigintioctomaculata Motschulsky ／ 91

Hierodula petellifera Serville ／ 8

Hipparchus papilionaria(Linnaeus) ／ 180

Hishimonus sellatus Uhler ／ 22

Holcocerus vicarius(Walker) ／ 147

Hololtrichia diomphalia Batesa ／ 76

Holotrichia trichophora Fair. ／ 76

Homalogonia obtusa (Walker) ／ 55

Homoeocerus dilatatus Horvath ／ 46

Hyalopterus amygdali (Blanchard) ／ 28

Hylobius haroldi Faust ／ 122

Hyperythra obliqua (Warren) ／ 181

Hypsopygia regina(Butler) ／ 152

I

Inachis io (Linnaeus) ／ 230

Iotaphora admirabilis ／ 179

Ischnura elegans (Van de Linden) ／ 4

Ivela ochropoda(Eversmann) ／ 203

K

Kentrochrysalis sieversi (Alphéraky) ／ 166

Kermes miyasakii Kuwana ／ 37

Kermes nakagawae Kuwana ／ 37

Kirinia epimenides (Staudinger) ／ 227

Kunugia undans fasciatella(Ménétriés) ／ 158

Kuwanina parva(Maskell) ／ 33

L

Laccoptera quadrimaculata Thunberg ／ 107

Lagria rufipennis Marseul ／ 106

Lamprosema sibirialis(Milliére) ／ 156

Laothoe amurensis sinica(Rothschild et Jordan, 1903) ／ 166

Lasiotrichius succinctus(Pallas) ／ 80

Ledra auditura Walker ／ 23

Legnotus breviguttulus Hsiao ／ 59

Lemyra jankowskii(Oberthüer) ／ 208

Leptura arcuata Panzer ／ 99

Limenitis populi(Linnaeus) ／ 230

Lithosia quadra(Linnaeus) ／ 209

Lixus sp. ／ 124

Lobocla bifasciata (Bremer et Grey) ／ 240

Lomaspilis marginata(Linnarus) ／ 182

Loxostege sticticalis(Linnaeus) ／ 156

Lycaeides argyrognomon(Bergstraesser) ／ 237

Lycorma delicatula White ／ 24

Lycostomus porphyrophorus (Solsky) ／ 86

Lygaeus equestris Linnaeus / 43

Lytta caraganae Pallas / 84

Lytta suturella Motschulsky / 84

M

Machaerotypus mali Chou et Yuan / 21

Macroglossum nycteris (Kollar) / 167

Macroglossum stellatarum(Linnaeus) / 167

Macroporicoccus ulmi(Tang & Hao) / 34

Macrosteles fuscinervis Matsumura / 23

Malacosoma Neustria (Linnaeus) / 159

Maruca testulalis(Fabricius) / 157

Marumba gaschkewitschi(Bremer et Grey) / 168

Marumba sperchius(Ménétriés, 1857) / 168

Megopis sinica White / 99

Melanargia halimede (Ménétriès) / 228

Melanotus caudex Lewis / 74

Menida violacea Motschulsky / 55

Metrioptera bonneti Bolivar / 16

Miltochrista miniata (Forest) / 209

Mimathyma schrenckii(Ménétrès) / 231

Mimela holosericea Fabricius / 77

Mitochrista striata(Bremer et Bery) / 210

Moechotypa diphysis Pascoe / 100

Moma alpium (Osbeck) / 219

Mylabris calida Pallas / 85

Mythimna separata (Walker) / 219

N

Nacna malachitis(Oberthür) / 220

Naxa(*Psilonaxa*)*seriaria* Motschulsky / 182

Nemophora amurensis(Alpheraky) / 140

Nephrotoma scalaris (Meigen) / 130

Neptis sappho (Pallas) / 232

Nerice hoenei(Kiriakoff) / 190

Nidularia japonica Kuwana / 38

Nolathripa lactaria(Graeser) / 220

Nymphalis vau – album(Schiffermüller) / 231

O

Oberea inclusa Pascoe / 100

Oberthueria caeca (Oberthür) / 160

Ochrochira potanini Kiritshenko / 47

Ochrognesia difficta (Walker) / 183

Odonestis pruni (Linnaeus) / 159

Oides decempunctata Billberg / 113

Olenecamptus subobliteratus Pic / 101

Oncotympana maculaticollis Motschulsky / 20

Opatrum subaratum Faldermann / 82

Ophrida xanthospilota Baly / 114

Ophthalmodes irrotaria(Bremer et Grey) / 184

Opilo communimacula Fairmaire / 82

Orgyia antiqua(Linnaeus) / 203

Orthezia yasushii Kuwana / 30

Ostrinia furnacalis (Guenée) / 157

Ourapteryx nivea (Bulter) / 184

Oxycetonia jucunda Faldermann / 79

P

Pachyta bicuneata Motschulsky / 102

Pallasiola absinthii Pallas / 112

Pandemis emptycta (Meyrick) / 150

Pangrapta obscurata(Butler) / 221

Pantala flavescens Fabricius / 2

Panthauma egregia (Staudinger) / 221

Papilio maackii (Ménétriès) / 223

Papilio xuthus(Linnaeus) / 224

Paralebeda femorata(Menetries, 1858) / 160

Pararcyptera microptera meridionalis(Ikonnikov) / 12

Parasa consocia(Walker) / 143

Parasa sinica Moore / 145

Paratenodera sinensis Saussure / 9

Paroplapoderus semiannulatus Jekel / 120

Parthenolecanium corni(Bouchè) / 35

Pentatoma metallifera Motshulsky / 56

Pericallia matronula (Linnaeus) / 211

Peridea elzet(Kiriakoff) / 194

Peridea lativitta(Wileman) / 194

Periphyllus koelreuteriae (Takahashi) / 29

Phalera angustipennis(Matsumura) / 195

Phalera assimilis (Bremer et Grey) / 195

Phalera flavescens（Bremer et Grey） / 196

Pheosia fusiformis（Matsumura） / 197

Philosamia cynthia Walker / 162

Phthonandria atrilineata（Butler，1881） / 185

Phthonosema tendinosaria（Bremer） / 185

Phyllosphingia dissimilis（Cramer） / 169

Phyllosphingia dissimilis sinensis（Jordan） / 170

Phyllotreta striolata Fabricius / 115

Piazomias validus Motschulsky / 125

Pieris rapae（Linnaeus） / 226

Plagiodera versicolora Laicharting / 116

Plagodis dolabraria（Linnaeus） / 186

Platypleura kaempferi（Fabricius） / 20

Plautia fimbriata（Fabricius） / 57

Plinachtus bicoloripes Scott / 47

Plutella xylostella（Linnaeus） / 141

Poecilocoris lewisi Distant / 58

Polistes antennalis Perez / 247

Polygonia c – album（Linnaeus） / 233

Polygonia c – aureum（Linnaeus） / 233

Polyzonus fasciatus（Fabricius） / 103

Pontania postulator Forsius / 243

Pontia edusa（Fabricius） / 227

Popillia quadriguttata Fabricius / 78

Porthesia similis（Fuessly） / 204

Problepsis changmei Yang / 186

Promalactis sp. / 142

Promalactis suzukiella（Matsumura，1931） / 142

Propylea japonica Thunberg / 92

Prosopocolius blanchardi（Parry） / 75

Protaetia brevitarsis Lewis / 79

Pseudaulacaspis pentagona（Targioni – Tozzetti） / 38

Pseudococcus comstocki（Kuwana） / 32

Psilogramma menephron（Cramer） / 169

Pterostoma sinicum Moore / 198

Ptosima chinensis Marseul / 74

Pulvinaria betulae（L.） / 35

Pyralis ragalis Denis et Schiffermuller / 153

Pyrgus maculatus（Bremer et Grey） / 240

Pyrrhalta aenescens Fairmaire / 117

Pyrrhalta maculicollis Motschulsky / 118

R

Rhodococcus sariuoni Borchsenius / 36

Rhynchaenu sempopulifolis Chen / 126

Rhyparioides amurensis（Bremer） / 212

Riptortus pedestris Fabricius / 48

Rodolia limbata Motschulsky / 93

S

Sarbanissa venusta（Leech） / 213

Sastragala edessoides Distant / 50

Satyrium pruni（Linnaens） / 237

Sceliphuron tubifex Latreille / 244

Schinia scutosa（Goeze） / 222

Scoliopteryx libatrix（Linnaeus） / 222

Semanotus bifasciatus Motschulsky / 104

Sericenus montelus（Gray） / 224

Smaragdina semiaurantiaca Fairmaire / 119

Smerinthus caecus Ménétriés / 171

Smerinthus planus（Walker） / 171

Somatina indicataria Walker / 187

Spatalia dives（Oberthür） / 197

Sphedanolestes impressicollis Stal / 41

Sphragifera sigillata / 223

Spilarctia subcarnea（Walker） / 210

Stathmopoda auriferella（Walker，1864） / 143

Statilia maculata Thunberg / 10

Stauropus fagi（Linnaeus） / 199

Stegania cararia（Hübner） / 187

Stephanitis nashi Esaki et Takeya / 41

Stigmatophora micans（Bremer） / 213

Stilpnotia candida（Staudinger） / 204

Strongyllodes variegatus Fairmaire / 72

Sympetrum speciosum Oguma / 3

Sympiezomias herzi Faust / 127

Syrphus corollae Fabricius / 136

T

Tabanus sp. / 132

Tetraneura nigriabdominalis（Sasaki）／ 29

Thetidia chlorophyllaria（Hedyemann）／ 188

Thosea sinensis（Walker）／ 146

Thyestilla gebleri Faldermann ／ 105

Tomicus piniperda Linnaeus ／ 126

Tongeia fischeri（Eversmann）／ 238

Trichodes sinae Chevrolat ／ 83

Trilophidia annulata Thunberg ／ 14

Trirachys orientalis Hope ／ 103

U

Urochela quadrinotata Reuter ／ 49

Uropyia meticulodina（Oberthür）／ 200

V

Vanessa indica（Herbst）／ 234

Vespa bicolor Fabricius ／ 248

Vespula flaviceps（Smith）／ 248

Vesta chevrolatii Laporte ／ 85

Vibidia duodecimguttata（Poda）／ 92

X

Xanthostigma gobicola Apöck et Apöck ／ 68

Xylocopa appendiculata Smith ／ 250

Y

Yemma signatus Hsiao ／ 50

Yponomeuta evonymellus（Linnaeus）／ 141

Ypthima motschulskyi（Bremer et Gray）／ 228

Z

Zeuzera multistrigata（Moore）／ 148